国家重点研发计划"库坝系统自然灾害损害快速诊断与防控关键技术装备"(2022YFC30054)
南京水利科学研究院中央级公益性科研院所基本科研业务费专项资金(Y722006)
南京水利科学研究院出版基金资助

小水电水工建筑物
风险评估与控制

江 超　曹 昕　祖安君　杨德玮 ◎ 著

河海大学出版社
HOHAI UNIVERSITY PRESS
·南京·

图书在版编目(CIP)数据

小水电水工建筑物风险评估与控制 / 江超等著.
南京：河海大学出版社，2025.2. -- ISBN 978-7-5630-
9694-7

Ⅰ. TV

中国国家版本馆 CIP 数据核字第 2025ZQ6226 号

书　　名	小水电水工建筑物风险评估与控制
书　　号	ISBN 978-7-5630-9694-7
责任编辑	周　贤
特约校对	吕才娟
封面设计	张育智　刘　冶
出版发行	河海大学出版社
网　　址	http://www.hhup.com
地　　址	南京市西康路 1 号(邮编:210098)
电　　话	(025)83737852(总编室)　(025)83787157(编辑室)
	(025)83722833(营销部)
经　　销	江苏省新华发行集团有限公司
排　　版	南京布克文化发展有限公司
印　　刷	广东虎彩云印刷有限公司
开　　本	718 毫米×1000 毫米　1/16
印　　张	8.25
字　　数	154 千字
版　　次	2025 年 2 月第 1 版
印　　次	2025 年 2 月第 1 次印刷
定　　价	62.00 元

Preface 前言

　　根据《2023 年全国水利发展统计公报》，我国现有小水电 41 114 座，装机容量 8 157 万 kW，占全国水电装机容量的 19.4%。这些小水电在为广大农村地区特别是偏远山区就近提供清洁能源、促进节能减排等方面发挥了重要作用，但小水电因较多为私营业主投资兴建，私营业主往往过度追求经济利益而忽视工程质量与运行管理；小水电施工时又缺少相应的质量监督，导致部分小水电建成后工程质量不高；投入运行后，长期未开展安全评价，运行管护经费投入不足，致使小水电工程整体安全状态不够理想，成为水利行业重要风险源之一。如 2020 年6 月 5 日，江西省长罗水电站因连续强降雨、工程质量差和运行管理差而导致溃坝事故，造成 2 人死亡，农田、房屋、道路、水利设施等均不同程度受损，造成较大的经济损失。

　　水库大坝作为小水电水工建筑物系统中最重要的挡水建筑物，其风险研究成果相对较多，但将大坝、溢洪道、输水洞等水工建筑物作为一个系统开展风险研究的并不多见。本书在小水电水工建筑物安全与管理现状调研分析的基础上，对小水电水工建筑物风险进行系统辨识，通过定量计算失事概率与失事后果进行风险分析，采用风险矩阵法评估小水电风险，并针对小水电不同风险等级提出相应的风险控制措施。全书主要研究成果如下。

　　（1）以江西、安徽及浙江小水电调研材料为依据，总结了我国小水电普遍存在的安全问题，并分析了产生诸多安全隐患的原因。通过分析小水电各种水工建筑物可能出现的风险事故、产生风险的原因以及发生事故的后果，定性地对小水电进行了风险辨识，建立了小水电水工建筑物安全状态综合评价指标体系。

　　（2）根据小水电水工建筑物失事概率与运行状态反相关的特点，建立了失事概率计算公式；提出了失事生命损失和经济损失的快速计算方法，推导了包括库容、坝高、季节、生物种类、污染工厂、人文景观 6 个因子的生态环境影响定量计算公式；通过引入参考模型的方法，建立了小水电失事后果严重程度评价模型。

（3）综合考虑小水电失事概率与失事后果，采用风险矩阵法，将风险分成低风险、中风险、高风险和极高风险4个级别。依据ALARP原则，将风险分成不可容忍风险区、可接受风险区和ALARP区。通过将风险量化处理，提出了一套基于风险的水工建筑物除险加固排序方法。

（4）针对存在的风险，提出了工程性和非工程性两大类小水电风险控制措施；根据风险评估结果，分类提出了相应的风险应对措施。安全监测作为小水电风险常用的控制措施，重点介绍了巡视检查、仪器监测、监测资料整编分析与监测信息平台等相关技术。

本书由江超、曹昕、祖安君、杨德玮撰写，南京水利科学研究院张宏瑞、周丽娜、朱钱德、王小哲，庆阳市巴家咀水库管理所魏国梁、曹强，对与本书相关的实验数据、调研材料等进行整理分析，为本书的顺利完成奠定了基础，在此向他们表示诚挚的感谢。

本书的出版得到了国家重点研发计划"库坝系统自然灾害损害快速诊断与防控关键技术装备"（2022YFC30054）、南京水利科学研究院中央级公益性科研院所基本科研业务费专项资金（Y722006）和出版基金的支持和资助，特表示感谢。

作者希望通过本书的出版，与相关专业人士交流水利工程风险评估与风险控制研究方法，促进小水电行业风险管理水平提升，确保工程安全运行与效益发挥。由于时间仓促及水平所限，书中不当之处，恳请读者批评指正。

作者
2025 年 1 月于南京

Contents 目录

1 绪论

小水电是农村水电站的简称,其装机容量在不同时期有不同的定义。目前,小水电是指单站装机容量在 5 万 kW 及以下的水电站及其配套电网。中国地域辽阔,河流众多,小水电资源极其丰富,主要分布在经济发展相对落后及农村人口相对较多的老、少、边地区。

我国小水电资源点多面广、星罗棋布,遍及 31 个省(自治区、直辖市)的 1 715 个县(市)。根据最新全国农村水能资源调查评价结果,我国小水电技术可开发量约为 12.8 万 MW。其中,西南地区的四川、贵州、云南、西藏、重庆 5 省(自治区、直辖市)是全国小水电资源最丰富的地区,可开发量约为 5.7 万 MW,占全国的 44.3%;中南与华南地区小水电可开发量约为 2.7 万 MW,占全国的 21.1%;华东地区小水电资源则主要集中于浙江、福建两省,可开发量约为 1.9 万 MW,占全国的 14.7%;西北地区的陕西、甘肃、宁夏、青海、新疆 5 省(自治区)小水电资源可开发量约为 1.7 万 MW,占全国的 13.2%;东北地区小水电资源主要集中在吉林、黑龙江两省,可开发量约为 5 500 MW,占全国的 4.3%;华北地区小水电资源最少,可开发量约为 2 944 MW,占全国的 2.3%[1]。我国各省(自治区、直辖市)小水电资源技术可开发量排序见图 1.1。

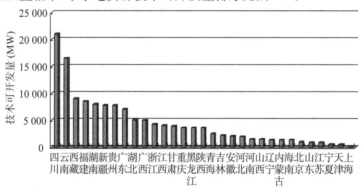

图 1.1 我国各省(自治区、直辖市)小水电资源技术可开发量排序图

1.1 小水电类型及组成建筑物

1.1.1 小水电类型

小水电的分类方式有很多,按工作水头可分为低水头、中水头和高水头小水电;按水库的调节能力可分为无调节(径流式)和有调节(日调节、年调节和多年调节)小水电;按在电力系统中的作用可分为基荷、腰荷及峰荷小水电等;按小水

电组成建筑物及其特征的不同,小水电又可分为坝后式、河床式和引水式 3 种典型布置型式[2-5]。

1. 坝后式

坝后式小水电(图 1.2)利用大坝壅高水位形成发电水头,厂房设在大坝的下游侧,不承受上游水压力,在坡度平缓的河流上常采用这种型式。水流在经过深式进水口、隧洞或压力管道后,引入坝后或下游河岸上的厂房中,发电尾水经尾水渠排入灌溉渠道或原河道中。整个枢纽的主要建筑物都集中于大坝附近。

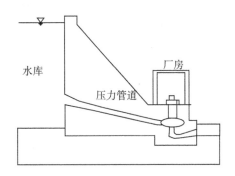

图 1.2 坝后式小水电

2. 河床式

由于地形、地质条件或大坝上游淹没损失大,不允许修建高坝,仅筑低坝或闸门来获得较低水头,因而小水电厂房可以承受上游水压力,与挡水建筑物一起直接建在河床或渠道中起挡水作用。因整个枢纽的主要建筑物都布置在河床(或渠道)中,故称河床式小水电(图 1.3)。河床式小水电所包含的建筑物较少,一般有挡水坝、溢流坝(或闸)和厂房。该型式小水电多修建于集雨面积较大的平原河道中下游段。

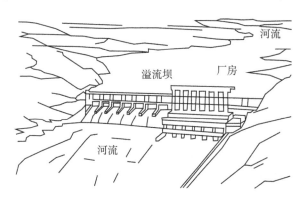

图 1.3 河床式小水电

坝后式小水电和河床式小水电广义上均属于坝式小水电,不同之处在于前者的厂房不起挡水作用。

3. 引水式

在河流坡降较陡河段上游,修建低挡水建筑物取水,通过坡降较缓的引水道(明渠、隧洞、压力管道等)引水到河段下游,引水道水面高程高于河流水面高程,形成集中落差,即构成发电水头,这样的电站称为引水式小水电(图 1.4)。引水式小水电的特征是具有较长的引(输)水道,全部或相当大的一部分水头由引水建筑物集中,这种型式的小水电常见于流量小、坡降大的河流中以及上游或跨流域开发方案中。根据引水道中水流特点,引水式小水电又可以分为有压引水式小水电和无压引水式小水电:有压引水式小水电主要特点是进水口上缘淹没在上游最低水位之下,无压引水式小水电则相反。

坝后式、河床式与引水式小水电虽各具特点,但有时它们之间却难以明确划分。从小水电水工建筑物及其特征出发,一般把引水式开发和筑坝引水混合式开发的小水电统称为引水式小水电。此外,某些坝后式小水电也可能将厂房布置在下游河岸上,通过在山体中开凿的引水道供水,这时小水电建筑物及其特征与引水式小水电极为相似。因此,掌握引水式小水电的组成建筑物及其特性对研究各类小水电具有举一反三的作用。

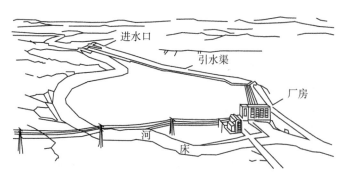

图 1.4 引水式小水电

1.1.2 小水电水工建筑物

小水电水工建筑物一般由下列 5 类建筑物[6]组成。

(1)挡水建筑物:用以拦截河流,集中落差,形成水库,如大坝、水闸等。

(2)泄水建筑物:用以宣泄洪水,或放水供下游使用,或放水以降低水库水位,如溢洪道、泄洪隧洞、放水底孔等。

（3）输水建筑物：包括进水建筑物、引水建筑物、平水建筑物以及尾水建筑物。进水建筑物为按电站要求将水引入引水道的建筑物，如有压或无压进水口。引水及尾水建筑物分别用来将发电用水自水库输送给水轮发电机组及将发电尾水排入下游河道，引水式小水电的引水道还用来集中落差，形成水头。常见的建筑物为隧洞、渠道、压力管道、尾水池、尾水渠等，也包括渡槽、涵洞、倒虹吸管等交叉建筑物。电站平水建筑物用以平稳由于电站负荷变化在引水或尾水建筑物中造成的流量及水压变化，如有压引水建筑物中的调压室（井）、无压引水建筑物中的压力前池等。

（4）发电、变电和配电建筑物：包括安装水轮发电机组及其控制、辅助设备的厂房，安装变压器的升压站及安装高压配电装置的高压开关站。它们常集中在一起，统称为厂房枢纽。

（5）其他建筑物：如拦沙、冲沙等建筑物。

小水电各类水工建筑物组成如图 1.5 所示。应当指出，有些建筑物的功能并不是单一的，如各种溢流坝和水闸，它们既可以挡水又可以泄水；河床式小水电的厂房既是发电建筑物又起挡水作用，若为溢流式厂房，还兼作泄水之用等。

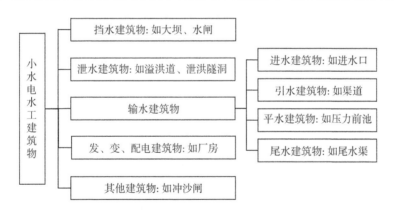

图 1.5　小水电水工建筑物分类

对于不同类型的小水电，由于水能开发方式的差异，其建筑物组成有所不同。表 1.1 列举了 3 种布置型式小水电的主要水工建筑物。

表 1.1　3 种布置型式小水电的主要水工建筑物

小水电站开发型式	主要水工建筑物
引水式	坝（闸）、溢洪道、进水口、隧洞、引水渠道、压力前池、压力管道、尾水渠、升压站、厂房

续表

小水电站开发型式	主要水工建筑物
坝后式	坝(闸)、溢洪道、进水口、压力管道、尾水池、升压站、厂房
河床式	坝(闸)、溢洪道、进水口、升压站、厂房

1.2　研究背景

截至 2023 年底,我国现有小水电站 4.1 万余座,装机容量 8 100 多万 kW,年发电量 2 300 多亿 kW·h,装机容量约占全国水电的 19.4%。全国小水电现有装机容量相当于 3.6 个三峡水电站的容量,约为世界其他国家小水电装机容量的总和。通过开发小水电,解决了全国近 1/2 地域、1/3 县市、1/4 人口的用电问题[7]。

小水电在解决山区农村供电,促进区域经济发展,改善农民生产生活条件与生态环境,帮助贫困地区调整当地产业结构以及保证应急供电等方面都做出了巨大的贡献[8]。可是,进入新时期以来,小水电新的特点、新的问题日渐突出。

由于历史原因以及经济、技术等条件的限制,大多数小水电兴建年代较早,施工质量不高,运行管理水平较低,工程运行管理经费不足,目前存在设施功能减弱、安全隐患较多等问题,导致小水电成为水利生产行业的事故多发领域。仅 2009 年上半年发生的 11 起水利生产事故中,小水电事故就占了 4 起,占事故总数的 36%,死亡 10 人,占死亡人数的 56%[9-10]。2009 年 4 月,江西省大碑水电站发电引水隧洞清淤过程中突发险情,致使 5 名工人全部丧生。2010 年 7 月 28 日,吉林省大河电站大坝溃决又导致多人遇难。2020 年 6 月 5 日,江西长罗水电站大坝溃决,造成 2 人死亡。小水电的安全问题越来越为人们所关注。

更新改造老化、低效的小水电,对消除安全隐患、确保安全运行、提高水能资源利用效率、增加发电效益,都具有十分重要的作用。2009 年 2 月,"农村水电更新改造及安全工作研讨会"在南京召开,标志着我国小水电的安全更新改造工作正式拉开了序幕。在财政部的大力支持下,"十二五""十三五"期间中央财政安排 131 亿元,分两批对 1995 年及 2000 年之前投产的 6 500 多座小水电站实施增效扩容改造。在过去的十多年里,基于风险的排序技术在我国病险水库大坝除险加固工作中已得到了较好的应用,鉴于这一成功经验,利用风险理论来指导病险小水电进行更新改造具有可行性。

风险理论用来指导病险小水电进行更新改造优势明显。利用风险评价技术能量化小水电风险(为叙述方便,后文均用"小水电风险"简称"小水电水工建筑物风险")值,判定其风险状态,为进一步制定风险控制措施提供依据;通过风险排序还可以指导决策者将有限的资金优先投入急需进行更新改造的小水电,科学合理地指导病险小水电的更新改造工作。

针对小水电风险评估技术和对应的控制措施的研究,将大大提升我国农村水电行业的管理水平,有效避免工程事故的发生。利用风险排序还可以科学合理地指导病险小水电的技术改造,从而大大提高其能量转化效率,使我国宝贵的水电资源更为高效地得以利用,新增电量的经济效益也将十分明显。

同时,小水电风险评价研究对"节能减排"工作的开展也具有一定的促进作用。对于那些有扩容潜力的电站,利用风险排序优先得到更新改造之后,水力资源将会得到更加充分合理的利用。

综上所述可知,开展小水电风险评价及风险控制研究意义重大。

1.3 研究进展

风险的概念起源于19世纪末西方经济学领域,经过一百多年的发展,现已广泛应用于经济学、自然灾害学、环境学、社会学与土木工程等领域[11]。风险分析(Risk Analysis)作为一种分析手段最先应用于复杂系统工程(如核电站、航天器等)当中,后来逐渐被应用于其他工程系统和社会经济领域,并迅速得到发展,形成一种系统化分析方法。

水库大坝作为小水电水工建筑物系统中最为重要的挡水建筑物,风险分析理论率先被引入其中。经过三四十年的发展,越来越多的新理论、新方法被提出,且在实际工程中得到了较好的应用,大坝风险分析体系已基本形成。相比之下,其他类型水工建筑物(如渠道、隧洞、厂房等)风险分析成果并不多见,将各类水工建筑物作为一个整体进行系统风险分析的研究成果更加稀少。因此,风险分析在小水电中的应用主要体现于水库大坝中。

自20世纪80年代初美国发表了不少关于水库大坝风险分析的文章以来,大坝风险分析技术发展日新月异,特别是在美国、加拿大、澳大利亚等发达国家发展迅速。

美国陆军工程兵团(USACE, U. S. Army Corps of Engineers)与美国垦务局(USBR, U. S. Bureau of Reclamation)作为美国国内主要的大坝安全管理机构,先后分别提出了一套水库大坝风险分析的理论与方法。他们用于水库大坝风险评判的标准各异,分析方法也各不相同[12]。美国国家气象局(NWS, National Weather Service)则主要在溃坝洪水演进研究方面取得了突破。

澳大利亚、加拿大等国在水库大坝安全评估与决策方面，开展了很多研究工作，提出了一系列大坝风险分析的理论与方法。加拿大的 BC Hydro 是世界上第一个将基于概率的风险分析应用到大坝安全管理的公司，他们提出了一套较为完善的风险管理程序，至今已被越来越多的国家引用和借鉴[13]；澳大利亚在水库大坝风险分析与管理方面同样处于国际领先水平，其风险排序、采用非工程措施降低大坝风险等经验已得到各国业内专家们的一致认可[14]；英国、芬兰、瑞典、葡萄牙等国在促进水库大坝风险分析的发展方面也做出了重要贡献[15]。

进入 21 世纪，大坝工程风险分析已经发展成为体系完整的决策工具，引起了世界各国的充分重视。2000 年，在北京举行的第 20 届国际大坝会议，更是将"基于风险分析的大坝安全决策与管理"单独列为专题研究讨论，这是大坝风险分析第一次作为国际大坝会议议题。同时，该次会议对中国大坝风险分析技术的发展也具有很大的促进作用。2003 年，黄海燕[16]针对传统风险分析只考虑不确定性中的随机性，而很少考虑模糊性这一问题，建立了土坝漫坝和失稳模糊风险模型；2004 年，周红[17]研究并提出了大坝运行风险度的概念，提出了基于实测资料的大坝运行风险分析方法；2006 年，李雷等[18]在借鉴国外先进经验的基础上，结合中国病险水库大坝的实际情况，系统地提出了一整套适合中国国情的大坝风险分析和风险管理理论与方法；2009 年，李娜等[19]提出采用模糊数来表示专家对溃坝事件树各子事件发生可能性的定性判断，并对专家的模糊判断进行解模糊处理，最终计算出各子事件发生的定量概率。

2011 年，李益等[20]引入灰色理论，针对小水电水工建筑物的健康诊断问题，提出了基于改进 AHP 法的健康诊断指标体系及评价模型。该模型结合了指标重要性分值和熵权理论，对小水电水工建筑物的安全性、适用性和耐久性进行了系统分析与评估。2013 年，戴双喜等[21]基于小型水电站引水建筑物的特点，提出了由安全性、适用性和耐久性 3 部分构成的模糊综合安全评价体系，并通过引入融合权重法，建立了模糊综合评价模型。2014 年，彭雪辉等[22]分析了成文法与不成文法两种不同法律体系下的风险标准特点，提出将我国水库大坝风险划分为 4 个等级区域。2015 年，冯学慧[23]提出了一种基于熵权法与正态云模型的大坝安全综合评价方法。该模型通过熵权法计算安全评价指标的权重，利用正态云模型对大坝的变形、渗流和环境因素进行模糊评估，并生成隶属度矩阵。应用该方法在宁夏某工程中，评价结果为低风险，与实际情况相符。2016 年，潘益斌等[24]基于水利水电工程全寿命周期管理的要求，引入了风险评价指数矩阵法（MMRAC）对水利水电工程运行状态进行了分析，并建立了工程运行可靠性分析模型;徐天宝等[25]采用事故树分析方法,构建了水利水电工程建设生态风险的事故树模型,以揭示生态系统内部各关联因子之间的逻辑关系,通过对水域生态、陆域生态和自然环境风险进行系统分析,定性与定量地评估了生态系统的破坏风险;吴胜文等[26]基于信息熵原理,采用熵值法计算水库大坝安全风险各指标权重,客观反映样本指标信息的同时,建立基于熵权的大坝运行风险评价集对分析模型,消除了评价的主观性。2018 年,阿依古丽·沙吾提[27]采用 ALARP 准则对土石坝在运行期的各种工况下的风险进行了有效分析和评价,并与风险标准相比较,可判断出坝体运行期的风险水平。

2020 年,郭吉葵[28]基于 GIS 与层次分析模型,通过对陕西省内的滑坡、崩塌和泥石流等地质灾害进行调查,结合地形地貌、岩性等 9 项影响因子,建立了地质灾害风险评价指标体系;王志国[29]结合网络层次分析法(ANP)和模糊数学法(Fuzzy-AHP),构建了水利水电工程招标风险的 F-ANP 综合评价模型,研究通过对职业道德、招标过程和外部环境 3 个方面的风险因素进行分析,建立了招标风险评估体系;王嵩[30]采用群体决策 AHP 法与多层次灰色评估法,构建了水利水电工程项目建设质量的两阶段风险评价模型,对开工前和建设实施阶段的风险进行了详细分析,确定了管理、技术和环境 3 类主要风险因素。2022 年,琚烈红等[31]提出了基于风险评估的海堤安全风险等级确定方法,主要通过建立海堤灾害故障树,对洪水灾害和海堤结构失效两种主要形式进行风险评估;李萍等[32]通过信息量模型和基于层次分析法的加权信息量模型,选取地形地貌、植被指数、断裂带密度等多种因子进行危险性评价,结合承灾体信息进行易损性评价,对澜沧江流域重大水电工程的扰动灾害风险进行了评价;李春侬等[33]通过对高边坡挖掘施工中各类风险因素的精确识别,利用层次分析法建立了高边坡挖掘施工的风险评估体系,科学划分了风险评估等级,并结合实例进行了风险评估分析;郭金等[34]采用改进层次分析法(AHP)和熵权法组合赋权的方式,提出基于组合赋权二维云模型的堤防工程风险评价方法,解决堤防风险评价中风险等级判定主观性强、风险指标具有模糊性和随机性等问题。2023 年,刘雷等[35]通过熵权法和云模型方法,研究确定了项目成果、咨询成果、监管成果及业主自身情况 4 个风险因素,建立了水利水电 EPC 项目业主发包前的风险评价模型,并结合专家打分对某实例项目进行了综合风险评价。2024 年,袁东成等[36]采用模糊数学方法和层次分析法,结合风险矩阵法对水电工程进行了定量综合风险评价研究,通过模糊关系矩阵和权重集合实现了对各类风险的定量评估;杨超[37]基于可变模糊理论提出了一种结合主观和客观的组合赋权方法的土石坝安全风险评价方法,主观权重部分使用了 G1 法,客观权重部分采用 CRITIC 法,基于指标的标准化处理、辨别系数和冲突系数计算,得出各指标的客观权重集合;章嘉俊等[38]基于 GIS、地理探测器、层次分析法和自然灾害风险理论,以雪水当量、坡度、年最大 1h 点雨量等 9 个指标数据为支撑,辨识新疆山洪灾害风险的主要驱动因子,并从致灾因子、孕灾环境和易损性 3 个方面对新疆山洪灾害风险进行评估。

1.4 研究内容与技术路线

1.4.1 研究内容

本书针对小水电水工建筑物风险的特点,重点开展了风险分析和风险评估研究,并基于风险控制理论提出包括工程和非工程措施的小水电风险控制措施,着重介绍了小水电安全监测这一高效的非工程风险控制措施。全书主要研究内容如下。

(1)简要阐述了我国小水电资源概况,明确了小水电水工建筑物风险研究的目的和意义,全面回顾了小水电风险分析研究进展。

(2)对风险分析的相关基本概念、流程、方法,以及不同行业对风险的不同定义依次做了介绍,并就小水电风险存在的根本原因——各种不确定性因素进行了描述。

(3)以江西、安徽及浙江小水电调研材料为依据,总结了我国小水电普遍存在的安全问题,并分析了产生诸多安全隐患的原因。通过分析小水电各种水工建筑物可能出现的风险事故、产生风险的原因以及发生事故的后果,定性地对小水电进行了风险辨识,建立了小水电水工建筑物安全状态综合评价指标体系。

(4)根据小水电水工建筑物失事概率与运行状态反相关的特点,提出失事概率计算公式;提出了失事生命损失和经济损失的快速计算方法,推导了包括库容、坝高、季节、生物种类、污染工厂、人文景观 6 个因子的生态环境影响定量计算公式,通过引入参考模型建立了小水电失事后果严重程度评价模型。

(5)综合考虑小水电失事概率与失事后果,采用风险矩阵法,将风险分成低风险、中风险、高风险和极高风险 4 个级别。依据 ALARP(As Low As Reasonably Practicable,最低合理可行)原则,将风险分成不可容忍风险区、可接受风险和 ALARP 区。通过将风险量化处理,提出了一种基于风险的水工建筑物除险加固技术。

(6)针对存在的风险,提出了工程性和非工程性两大类小水电风险控制措施;根据风险评估结果,分类提出了相应的风险应对措施。

(7) 安全监测作为小水电风险常用的控制措施,重点介绍了相关技术,包括巡视检查、仪器监测、监测资料整编分析与监测信息平台。

1.4.2 技术路线

通过收集资料、阅读相关书籍与文献,深入了解了研究背景与风险评估的基本理论;在对我国小水电安全现状调研的基础上,完成了风险评估的首要工作——风险辨识;借鉴"综合评价"思想,构建小水电运行状态综合评价指标体系,提出了失事概率和失事后果计算公式,定量计算小水电风险;基于风险控制原理,提出指导小水电运行管理的风险控制措施。小水电风险评估与控制技术路线如图 1.6 所示。

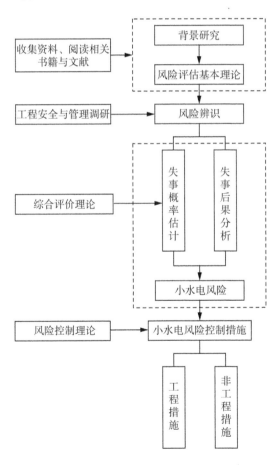

图 1.6 小水电风险评估与控制技术路线图

2 风险基本理论与不确定性

无论是在自然界还是在人类社会中,风险都是普遍存在的。"天有不测风云,人有旦夕祸福",人类很早就认识到了风险的客观存在性。由于客观世界的复杂性和人类认识的局限性,人类活动和决策不可避免地要受到各种不确定性因素的影响,因而不可避免地需要承受一定程度的风险,小水电作为一项近代水利工程同样如此。要对小水电展开系统地风险评价,首先需要对风险相关基本理论有更加深入的了解。

2.1 小水电风险定义与特征

"风险"(Risk)既是一个通俗的日常用语,也是一个重要的科学术语。到目前为止,国际上对"风险"一词并没有统一严格的定义。

1901 年,美国哥伦比亚大学的 Allan H. Willett 所做的博士论文《风险及保险经济理论》成为风险研究最早的文献。他将风险定义为"关于不愿意发生的事件发生的不确定性之客观体现",这成为我们研究风险的理论依据之一[39]。美国的 D. F. Cooper 和 C. B. Chapman 在《大项目风险分析》一书中对风险给出了较为权威的定义:"风险是由于在从事某项特定活动过程中存在的不确定性而产生的经济(或财务)损失、自然破坏(或损伤)的可能性。"[40]美国威斯康星大学的 James C. Hickman 教授则认为,风险的定义方式及其在决策过程中所起的作用因学科的不同而异[41]。

不同学科对风险定义的角度不同,因而形成了关于风险的不同学说,但多数人对于回答"什么是风险"已达成共识。风险一般应该包括以下 3 方面的内容。

(1) 在此项工程或运作过程中发生什么事故(事故类型)?

(2) 发生该类型事故的可能性有多大(概率)?

(3) 发生该类型事故的后果如何(生命损失、经济损失、生态环境及社会影响等)?

任何一个关于风险的完整定义都应该是上述三方面描述的集合体。

2.1.1 小水电定义

借鉴国内外对水库大坝风险的定义[42],小水电风险由失事概率与失事后果两部分构成。

小水电风险用数学语言表达为

$$R = f(P, C) \tag{2-1}$$

式中:R——小水电风险;

    P——小水电失事概率;

    C——小水电失事后果。

2.1.2 风险的特征

风险的特征可以概括如下[43]。

1. 客观性

造成人类社会损害的各种事件,无论是自然界中的洪水、地震、台风,还是社会领域的战争、瘟疫、意外等,都是不以人的主观意愿而存在的客观事物。同样,与之相联系的风险也是由客观事物的自身规律所决定的,是可以为人类所认知的。

2. 普遍性

客观事物虽然具有其各自的运动变化规律,但事物之间却又相互联系、相互影响、相互制约、相互作用,具有普遍联系性。同样,与之相联系的风险也广泛存在,所研究的客观事物在任何时间、地点都具有风险,其普遍性不容否认。

3. 结果双重性

风险一旦发生,必定会带来一定的风险损失。不过冒一定风险却可能获得风险收益,从而鼓励人们冒险,与风险事件进行博弈。风险和收益是相辅相成的,风险是收益的代价,收益是风险的报酬。这就是风险结果的双重性。

2.2 风险相关基本概念

与风险相关的基本概念很多,正确理解它们的含义以及厘清彼此之间的相互关系是进行小水电风险评估的前提[44]。

1. 风险分析(Risk Analysis)

风险分析是指对给定系统进行危险辨识、概率估计、后果量化的全过程,是一种基于数据资料、运行经验、直观认识的科学方法。通过风险的量化,便于进行风险的分析与比较,从而为风险管理提供科学可靠的决策依据。风险分析常用基本方法见表2.1。

2. 风险辨识(Risk Identification)

风险辨识是风险分析的首要工作,该阶段基本任务是帮助决策者发现风险和识别风险,侧重于对风险的定性分析。风险辨识过程中,一般从成因角度入手,找出产生风险的关键性因素,并判断风险的性质。

3. 风险估计(Risk Estimation)

风险估计包括事件发生的概率和关于事件后果的估计两个方面。基于客观概率对风险进行估计就是客观估计;基于主观概率进行估计就是主观估计;部分采用客观概率、部分采用主观概率所进行的风险估计称为合成估计。

4. 风险评价(Risk Evaluation)

风险评价即将系统中所有的风险视为一个整体,按照制定的相应风险标准,评价其潜在的影响,得到系统的风险决策变量值,以作为项目决策的重要依据。

表 2.1 风险分析常用基本方法[45]

方法	说明
初步危险分析 (PRHA)	1. 在系统生命周期的早期,识别可能导致严重后果的危险因素并加以排序 2. 对排序后的危险因素依次确定减小发生频率和产生后果的措施
危险及可操作性 分析(HAZOP)	1. 识别可能导致严重后果的系统偏差及产生原因 2. 确定减小这类偏差发生频率和产生后果的措施
失效模式及其影响 分析(FMECA)	识别构件(设备)的失效模式及其对系统和系统中其他构件的影响
故障树分析(FTA)	确认导致事故发生的设备失效和人因失效的联合作用
事件树分析(ETA)	识别可能导致事故的事件序列

5. 风险评估(Risk Assessment)

风险分析和风险评价的全过程即为风险评估。

6. 风险控制(Risk Control)

在风险评估的基础上,进行风险决策,采取措施降低预期损失或使这种损失更具有可控性,从而改变风险的结果。

7. 风险管理(Risk Management)

风险管理是包括风险评估和风险控制的全过程,它是一个以最低成本将风险控制在最合理水平的动态过程。通过风险管理,能够有效地将风险控制在决策者预定的界限之内,实现以最小成本获得最大安全保障的目标。

风险基本概念之间的相互关系见图 2.1。

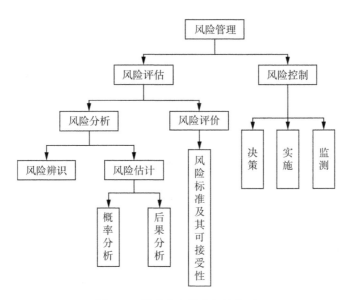

图 2.1　风险基本概念间的关系

2.3　不确定性描述

　　不确定性是风险存在的根源,包括自然过程中的固有不确定性和人类认知的不确定性,前者是客观存在的,后者是因知识的不完备所致。Van Gelder 和 Boshouwers 将工程领域的不确定性进行了分类[46-47],如图 2.2 所示。小水电属于岩土工程和水利工程领域,其不确定性往往体现在以下几个方面[48-50]。

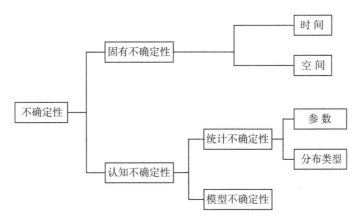

图 2.2　工程领域不确定性分类

1. 水文不确定性

水文不确定性指水利工程系统所涉及的具有不确定性的水文量,包括洪水频率分布(年径流量、洪量、洪峰系列)、洪峰及年内洪水的时间分布、可能最大洪水、降雨-径流关系、暴雨时空分布、暴雨系列频率分布、年降雨量系列频率分布、汛前库水位、水位-库容关系、库区冲淤等不确定因素。

2. 水力不确定性

水力不确定性指影响泄流能力和计算水力荷载时具有不确定性的物理量,这些物理量的不确定性是由于其技术特征值的离散性和模型的简化所造成的,如实际工程中的三维水流简化为一维水流模型、糙率的离散性、模型试验的缩尺效应以及各种几何尺寸在施工方面的容许误差等。

3. 材料参数不确定性

岩土材料参数不确定性的来源可分为岩土体自身空间变异性和试验过程中的各种误差。材料物理力学参数包括黏聚力、内摩擦角、变形模量、泊松比、抗压与抗拉强度等。大量的统计资料表明,大坝混凝土变形模量的变异系数约为 $0.1\sim0.2$,基岩为 $0.2\sim0.3$,土体材料的变异系数有时可达 0.3 以上。岩土材料摩擦系数(f)和黏聚力(c)变异性较大,尤其是 c,有时可高达 0.5 左右,且 f 和 c 的空间随机场特性十分明显。因此,材料参数的不确定性是导致风险的重要因素。

4. 计算模型不确定性

岩土工程发展至今,针对不同的材料,人们已提出许多本构模型和强度准则,不同的模型反映的侧重点不同。例如,可采用 D-P(Drucker-Prager)准则或 M-C(Mohr-Coulomb)准则近似地模拟岩土体的破坏,对于硬岩可能会偏向于使用 D-P 准则,而对软岩、土体材料使用 M-C 准则效果更佳。然而,岩体是硬岩还是软岩,概念模糊,较难区分,采用不同的准则有时结果会相差很大。事实上,不论采用何种本构理论和强度准则都不可能绝对地反映材料的本构关系和破坏特性。计算模型的不确定性问题已越来越受到人们的重视。

5. 初始条件与边界条件不确定性

无论是应力场还是渗流场的计算,都离不开边界条件的影响。模拟实际工程所建立的几何物理模型,需要兼顾仿真和简便两大原则,所以定义边界条件时往往需要做出一定程度的简化。边界条件的不确定性来源于实际问题的复杂性、边界条件变化的不可预知性、人类认识的局限性以及对结构边界处的简化等。

6. 荷载不确定性

水工结构在静力问题方面的荷载主要有自重、上下游的水压力、坝基的扬压力、渗透压力、泥沙压力、浪压力以及温度荷载,这些荷载均存在不同程度的变异性。对于地下洞室问题,荷载主要是地应力和渗透压力。初始地应力场的不确定性主要来源于地应力场空间量测数据的离散性以及回归分析模型的不确定性。由于地质条件的复杂性,实际工程中的渗流场也很难准确把握。在动力问题方面,水利工程一般考虑地震荷载的影响,而地震在强度、烈度、震源、作用方向等方面具有不确定性。

7. 设计和施工不确定性

由于工程师设计水平的高低各异以及认识程度的不同,工程师在进行小水电设计时,出现设计偏差甚至出现设计不当是完全有可能的。除此之外,施工材料强度、施工质量也会出现偏差,这些不确定性始终贯穿于小水电设计和施工过程中。

8. 运行管理不确定性

运行管理不确定性指在实际的操作运行过程中,可能会出现与操作规程、管理制度不协调的现象,包括操作、运行程序、运行方案的不确定性程度,工程的维护、保养程度,操作不当,管理过程中人为过失等。

小水电风险分析过程中要全面考虑上述各方面的不确定性。

3 小水电水工建筑物安全现状调研分析

在承认小水电建设取得巨大成就的同时,它所带来的安全隐患同样不容忽视。如今国家虽然高度重视公共安全和安全生产,但小水电事故仍时有发生,造成人员伤亡和财产损失,对国家公共安全和社会稳定产生了较大影响。

水利部小水电主管部门曾于 2009 年对全国 100 座典型小水电安全生产进行了问卷调查,通过问卷反馈的信息初步了解了我国小水电的安全现状。2010年 3 月,水利部大坝安全管理中心结合小水电水工建筑物安全研究工作,组织相关人员前往江西省、浙江省、安徽省对 13 座小水电进行了现场调研,重点搜集工程安全与管理现状相关资料[51-53]。根据两次调研的资料,归纳整理出我国小水电存在的主要安全隐患,并进行了原因分析。

3.1 调研方式及内容

3.1.1 调研方式

调研采用问卷调查与实地考察相结合的方式进行。2009 年,通过问卷调查初步了解了我国小水电的工程安全与管理现状,共发放问卷 100 份,收回 74 份,其中 38 份有效。

2010 年和 2024 年,研究人员选取了江西、安徽和浙江省内的共 15 座小水电进行实地考察调研,其中江西省 6 座、安徽省 2 座、浙江省 7 座(浙江省诸暨市小水电为 2024 年调研,其余为 2010 年调研)。江西、安徽和浙江省地处长江中下游,境内河流众多,水系发达,水能资源极为丰富,是我国小水电较为集中的几个省份。因此,调研所选小水电具有一定的代表性。在实地考察过程中,采用现场检查,与当地管理人员座谈、询问沟通的方式来获得相关信息。

3.1.2 调研内容

(1)基本情况:站址、建造时间、所有制形式、装机容量、布置型式等。

(2)小水电水工建筑物安全隐患:水工建筑物(包括大坝、溢洪道、隧洞、明渠、渡槽、压力前池、钢筋混凝土压力水管、厂房、升压站等)可能存在的安全隐患。

(3)小水电运行管理情况:规章制度、人员管理、运行记录等。

3.2 江西省小水电调研

3.2.1 基本情况

在江西省选定了新干县田南水库二级、左湖二级、窑里水库一级、窑里水库二级、湖头和金桥 6 座小水电进行实地考察,其中引水式小水电 3 座、河床式小水电 2 座、坝后式小水电 1 座。6 座小水电的基本情况见表 3.1。

表 3.1　6 座小水电基本情况汇总表

序号	电站名称	建成时间 (年)	装机容量 (kW)(台数× 单机容量)	年发电量 (万 kW·h)	小水电型式	主要水工建筑物
1	田南水库 二级电站	1972	2×200	50	引水式	土石坝、溢洪道、明渠、压力前池、升压站、压力管道、厂房
2	左湖二级电站	1987	2×400	170	引水式	土石坝、溢洪道、明渠、压力前池、升压站、厂房
3	窑里水库 一级电站	1972	1×400+ 1×500	90	坝后式	土石坝、溢洪道、隧洞、涵管、升压站、厂房
4	窑里水库 二级电站	1971	3×200	170	引水式	土石坝、溢洪道、明渠、压力前池、压力管道、升压站、厂房
5	湖头电站	2006	2×75	24	河床式	翻板坝、溢洪道、升压站、厂房
6	金桥电站	2004	3×100	110	河床式	堰坝、升压站、厂房

下面以左湖二级电站、窑里水库一级电站为例,介绍现场调研结果。

3.2.2　左湖二级电站

左湖二级电站坐落于吉安市新干县城上乡左湖村,所在河流为赣江水系沂江河。该电站于 1987 年 6 月投产使用,引水式布置,共有 2 台机组,单机容量均为 400 kW,年发电量为 170 万 kW·h,所有制形式为股份制。主要水工建筑物有大坝、溢洪道、引水渠道、压力前池、压力管道、升压站、厂房。

配套水库为灌庄水库,小(1)型规模,集雨面积为 15.3 km²,总库容 229 万 m³。挡水建筑物为土石坝,最大坝高 36.5 m,坝顶长 156 m。渠道引水长度约 6 km,设计流量 0.7 m³/s,实际流量 0.6 m³/s。电站设计水头 78 m,实际水头 78 m。

配套水库除险加固完毕,目前挡、泄水建筑物工程性态良好。

渠道险段较多,漏水严重,多处发生过滑坡。衬砌大部分已脱落或已起不到防渗作用(见图 3.1),只针对性地对某些漏水严重渠段重新进行了衬砌,泥沙淤积严重。渠道上方山体岩石裸露,风化碎石坠落于渠道中,影响渠道过流能力,甚至会造成堵塞。渠道边坡有较多鼠洞和蛇洞,据管理人员介绍,渠道往往会因村民捕鼠、捕蛇形成人工扒口而造成险情。

图 3.1　左湖二级电站渠道

压力前池严重老化,池身裂缝多(见图 3.2);漏水量大,池内泥沙淤积严重(见图 3.3)。

图 3.2　左湖二级电站压力前池 1　　　图 3.3　左湖二级电站压力前池 2

压力管道于 2007 年进行了更新(见图 3.4),无漏水现象,结构稳定。

厂房建于 1986 年,设施简陋,厂房玻璃几乎全部破碎(见图 3.5),但整体结构完好,墙面只有部分地方出现轻微剥落,未见影响结构安全的裂缝;厂房后山体边坡采取了抗滑措施。

上山台阶陡峭(见图 3.6),已严重老化,无护栏,存在一定的危险性。

图 3.4　左湖二级电站压力管道　　　　图 3.5　左湖二级电站厂房

图 3.6　左湖二级电站上山台阶

　　小水电管理人员均为当地农民,没有经过正式培训,安全意识和专业知识比较薄弱;电站有日常运行、巡查、操作与设备缺陷记录,且资料保存完好。

3.2.3　窑里水库一级电站

　　窑里水库一级电站位于新干县城上乡何陂村,所在河流为赣江水系沂江河。该电站于 1972 年 5 月投产使用,布置型式为坝后式,共有 2 台机组,分别为 400 kW、500 kW,其中 500 kW 机组为 1985 年改造时新增机组,只在汛期投入发电,年发电总量为 90 万 kW·h,所有制形式为股份制。主要水工建筑物有大坝、溢洪道、隧洞、涵管、升压站、厂房。

　　电站配套水库为窑里水库,中型规模,集雨面积为 74.2 km²,总库容 3 773 万 m³。挡水建筑物为土石坝,最大坝高 36 m,坝顶长 495 m。引水长度为 800 m,设计流量 6 m³/s,实际流量 6 m³/s。电站设计水头 12 m,实际水头 12 m。

　　水库下游 4 km 处为城上乡,15 km 处为潭丘乡,保护人口约 20 000 人,保护耕地约 70 000 亩[①]。水库距京九铁路约 35 km,距 105 国道约 36 km。

配套水库正在进行除险加固,大坝与溢洪道原有病险基本得到有效治理(见图 3.7)。

压力管道为钢筋混凝土管道,目前正处于更新改造过程中。

厂房兴建于 1972 年,至今已有 50 余年历史,墙壁粉刷面出现了开裂脱皮现象,厂房整体破旧(见图 3.8);自压力管道更新改造以来,水轮机一直处于停机状态。

运行规程、操作规程健全;管理人员业务素质不高,未经专业培训;水库与电站资料保存完好。

图 3.7　窑里水库加固现场　　　图 3.8　窑里水库一级电站厂房

3.3　安徽省小水电调研

3.3.1　沙河集一级电站

沙河集一级电站位于安徽省滁州市沙河镇,所在河流为滁河支流清流河上游的大沙河。共装配有 2 台机组,分别为 250 kW、160 kW,年发电量约为 30 万 kW·h。2003 年 5 月投产使用,2009 年 11 月进行了改造。电站所有制形式为股份制,布置型式采用坝后式。

沙河集水库为其配套水库,控制流域面积 300 km², 总库容 1.85 亿 m³,大(2)型水库。水库地理位置十分重要,大坝下游 1 km 处为津浦铁路,距离滁州市区仅 5 km,下游有琅琊山、醉翁亭等重要景点。

挡水建筑物为均质土坝,最大坝高 26.5 m。主要水工建筑物有大坝、溢洪道、放水涵洞、厂房、升压站与尾水渠等。

---

① 1 亩≈666.7 m²。

由于沙河集水库工程规模大，且地理位置重要，相关部门对其安全较为重视，已于 2000 年进行了一次除险加固，但经过近 10 年的运行，电站配套水工建筑物再次出现以下安全隐患。

（1）库区山体存在滑坡隐患，大坝下游排水棱体局部下陷（见图 3.9），副坝防浪墙高度不足。溢洪道启闭机房由于不均匀沉降出现较大裂缝（见图 3.10）。

（2）尾水渠整体衬砌较好，局部因水流冲刷而破坏（见图 3.11）。

（3）电站厂房外观较好（见图 3.12），已停机发电约半年。据电站管理人员介绍，由于发电效益差，且水库存水主要以保证农业灌溉为主，机组仅在丰水期运行，年均工作时间约为 3 个月。发电期间，厂房 24 小时不间断有工作人员轮班值守，并做好相关运行记录。

（4）防汛道路狭窄且路况较差，交通不够便利。

沙河集一级电站整体管理水平较高，电站有多名技术人员，管理、操作规程健全。工程运行、巡查、操作、设备记录完整，水库与电站资料保存完好。

图 3.9 大坝排水棱体局部下陷

图 3.10 溢洪道启闭机房裂缝

图 3.11 沙河集一级电站尾水渠

图 3.12 沙河集一级电站厂房

3.3.2 沙河集二级电站

沙河集二级电站为沙河集水库的二级电站，发电来水取用一级电站的发电尾水。共装配有 2 台机组,每台机组装机 320 kW,年发电量约为 50 万 kW•h。电站所有制形式为股份制,布置型式采用引水式。

沙河集二级电站主要水工建筑物有大坝、溢洪道、引水渠、厂房、升压站、尾水渠等,一级电站尾水渠兼作二级电站的引水渠和压力前池。其他配套水工建筑物与沙河集一级电站相同。

压力前池拦污装置简陋(见图 3.13),采用人工清污,进水口稳定性好,未见明显安全隐患。

尾水渠衬砌完好,边坡稳定,运行正常(见图 3.14)。

升压站基础牢固,未发生倾斜且建有围栏(见图 3.15)。

与沙河集一级电站相比,沙河集二级电站厂房(见图 3.16)相对简陋,运行管理方式与沙河集一级电站相同,机组年均运行时间约为 3 个月。据管理人员介绍,厂房内的 2 台机组为 20 世纪 70 至 80 年代的产品,运行时噪声很大,且厂房内较潮湿,对工作人员身体健康危害较大。

沙河集二级电站与一级电站属同一管理部门,整体管理水平较高。

图 3.13　沙河集二级电站压力前池拦污栅

图 3.14　沙河集二级电站尾水渠

图 3.15　沙河集二级电站升压站

图 3.16　沙河集二级电站厂房

3.4 浙江省小水电调研

选择浙江省丽水市松阳县 2 座、遂昌县 3 座和诸暨市 2 座小水电进行现场安全检查。7 座小水电的基本情况见表 3.2。

表 3.2 7 座小水电基本情况汇总表

序号	电站名称	电站装机(kW)(台数×单机容量)	建成时间	年发电量(万 kW·h)	主要水工建筑物
1	竹溪源二级电站	2×125	1980 年	60	堰坝、明渠、压力前池、钢筋混凝土管、厂房
2	十三都电站	2×200	1978 年	110	土石坝、明渠、压力前池、钢筋混凝土管、厂房
3	百丈坑电站	1×125	1980 年	35	堰坝、明渠、压力前池、压力钢管、厂房
4	新路湾电站	1×75	1976 年	15	明渠、压力前池、钢筋混凝土管、厂房
5	北界电站	1×100+1×125	1978 年	70	明渠、压力前池、钢筋混凝土管、厂房
6	小东电站	2×370+1×250	1980 年	217	堰坝、隧洞、明渠、钢筋混凝土管、厂房
7	孝四电站	2×320+1×160	1978 年	96	堰坝、明渠、钢筋混凝土管、厂房

选取其中具有代表性的竹溪源二级电站、北界电站、小东电站、孝四电站为例,介绍其现场检查情况。

3.4.1 竹溪源二级电站

竹溪源二级电站位于松阳县西屏镇市口村,1980 年 6 月投产发电,总装机容量 250 kW,设计水头 30 m,原集雨面积 38 km²,引水后现为 15 km²,年发电量由原 120 万 kW·h 减少至 60 万 kW·h。所有制形式为股份制。

竹溪源二级电站的水工建筑物包括堰坝、明渠、压力前池、钢筋混凝土管与厂房。堰坝情况良好,无渗漏、变形和裂缝现象。引水明渠(见图 3.17)全长 2 500 m,外侧为砌石结构,山体侧均有混凝土衬砌。明渠边坡稳定,局部有轻微渗漏。

图 3.17　竹溪源二级电站引水明渠

压力前池(见图 3.18)为混凝土浆砌石结构,目前结构完好,部分裂缝已经修补,无异常渗漏,泥沙淤积程度轻。池内水质较差,水面树叶较多,清理不够及时。

图 3.18　竹溪源二级电站压力前池

钢筋混凝土压力水管(见图 3.19)进水口无闸门,管径为 800 mm,长约 45 m,镇墩支撑情况良好。

图 3.19　竹溪源二级电站压力水管

厂房(见图 3.20)整体完好,采光、通风良好。升压站(见图 3.21)结构稳定,主变安装位置过低,周围护栏未接地,安装不可靠,可能会导致二次破坏。

图 3.20　竹溪源二级电站厂房　　　　图 3.21　竹溪源二级电站升压站

竹溪源二级电站运行管理制度和操作规程较健全,各项运行记录比较完整,电站资料保存完好。电站设备维护及保养、厂房内的卫生情况都较好,运行状态正常。

3.4.2　北界电站

北界电站位于遂昌县北界镇,1978 年建造,设计水头 30 m,原集雨面积 110 km²,引水后集雨面积减小为 36.3 km²,年发电量由 120 万 kW·h 减少为 70 万 kW·h。所有制形式为私营。

挡水建筑物为堰坝。引水明渠为土渠,长约 4 km。渠道杂草丛生,边坡不够稳定,多处发生过滑坡,渠内泥沙淤积严重(见图 3.22)。压力前池为混凝土浆砌石结构,无渗漏,池内泥沙淤积严重(见图 3.23)。目前,电站已经进入停工整修状态,明渠和压力前池正在进行加固、维修和清淤工作。

压力管道分别为直径 800 mm 和 500 mm 的钢筋混凝土管,长约 50 m,运行状态良好。

图 3.22　北界电站引水明渠　　　　　图 3.23　北界电站压力前池

运行管理制度和操作规程不健全,各项运行记录不完整,电站资料保存不完好,运行人员专业水平不足。

3.4.3 小东电站

小东电站位于诸暨市东白湖镇蒋村(见图3.24),所在河流为陈蔡江支流小东溪。该电站于1980年3月投产发电,2008年3月进行过技术改造。电站属引水式开发,总装机容量为990 kW(2×370 kW+1×250 kW),电站设计水头为63.5 m,电站年均发电量216万 kW·h。电站所有制形式为民营电站,运行人员4人。

电站拦河堰坝坝址以上集雨面积27 km²,蓄水工程无库容,无调节能力。

电站枢纽由拦河堰坝、输水系统、发电厂房及升压站等组成。

拦河堰坝为浆砌石重力堰坝(见图3.25),最大坝高2.0 m。引水系统位于河道左岸,由进水口、渠道及压力管道等组成。引水管道总长1 913 m,其中渠道长1 681 m、隧洞段长232 m,渠道末端接前池,前池容积约400 m³,前池后接3根长约110 m的钢筋混凝土管至发电厂房。

厂房位于小东村河道左岸阶地上,厂房内装3台卧轴混流式水轮发电机组。水轮机额定水头均为63.5 m。单机容量370 kW的机组,额定流量0.85 m³/s;单机容量250 kW的机组,额定流量0.49 m³/s。

图3.24 小东电站位置图

图 3.25　小东电站拦河堰坝

　　小东电站运行管理各项基本制度比较健全,但部分引水渠道出现衬砌开裂、破损、脱落等情况,导致渠道存在渗漏现象(见图 3.26);交叉建筑物管理不到位,隧洞进水口杂草较多、泥沙淤积较为严重(见图 3.27);钢筋混凝土压力管道运行近 50 年,管道表面青苔覆盖,局部有明显碳化剥落现象,未见异常渗水现象(见图 3.28)。

图 3.26　小东电站部分渠道
靠近山体侧无衬砌

图 3.27　小东电站隧洞进口泥沙淤积

图 3.28　小东电站钢筋混凝土压力管道

3.4.4 孝四电站

孝四电站位于诸暨市东白湖镇下吴宅村,所在河流为陈蔡江支流西岩溪。该电站于 1978 年 2 月投产发电,2003 年进行过技术改造。电站属引水式开发,总装机容量 800 kW(1×160 kW+2×320 kW),设计水头为 28 m,年均发电量 96 万 kW·h。所有制形式为民营电站,运行人员 4 人。

电站拦河堰坝坝址以上集雨面积 35.5 km²,蓄水工程无库容,无调节能力。

电站枢纽由拦河堰坝、输水系统、发电厂房及升压站等组成。

拦河堰坝为浆砌石重力堰坝,最大坝高 2.0 m。引水系统位于河道右岸,由进水口、渠道及压力管道等组成。引水渠道长 2 600 m,前池后接长 90 m 钢筋混凝土管(穿河道)至发电厂房。

厂房位于砚田村河道左岸阶地上,厂房内装 3 台卧轴混流式水轮发电机组。水轮机额定水头均为 28 m。单机容量 160 kW 的机组,额定流量为 0.72 m³/s;单机容量 320 kW 的机组,额定流量为 1.44 m³/s。

孝四电站运行管理各项基本制度比较健全,但部分引水渠道无衬砌或渠道衬砌老化,导致渠道渗漏比较明显(见图 3.29~图 3.31);压力前池挡墙迎水侧出现衬砌剥落情况,存在渗漏现象(见图 3.32);钢筋混凝土压力管道已运行近 50 年,管道表面局部老化,有明显碳化剥落现象(见图 3.33)。

图 3.29 孝四电站部分渠道无衬砌　　图 3.30 孝四电站渠道渗漏正在处理

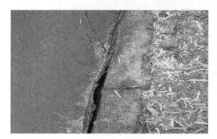
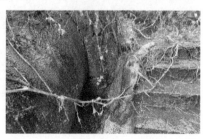

图 3.31 孝四电站渠道衬砌老化　　图 3.32 孝四电站压力前池挡墙渗漏

图 3.33　孝四电站钢筋混凝土压力管道

3.5　普遍存在的问题

在调研基础上,归纳整理出我国小水电工程安全与管理普遍存在的问题,主要表现在以下几个方面。

(1) 小水电运行风险主要源于病险水工建筑物,特别是病险水库大坝。在小水电各类水工建筑物中,大坝失事后果最严重。小水电大部分为私营业主修建,为节省投资,建设标准普遍不高,工程运行后长期不进行安全鉴定,存在较大安全隐患。

(2) 引水式小水电渠道淤塞、渗漏严重。渠道是引水式小水电站的特色,引水式小水电渠道一般较长,少则几千米,多则几十千米。出于经济方面的考虑,大部分小水电业主只对引水渠道受冲刷最为严重的渠面进行了选择性衬砌,未衬砌面一般会出现渗漏,造成水资源的浪费。经过一段时间的运行,渠道淤积难于避免。有些引水渠道流经村庄,沿途居民投放的生活垃圾更是加剧了渠道淤积。如江西省新干县窑里二级电站,由于引水渠道较长(12.8 km),加上沿途流经村庄,淤塞很严重,仅清淤一项每年就花费 10 万元左右,而该小水电年发电量仅为 60 万 kW·h。有些渠段过于单薄,引水发电时渠坡垮塌事故时有发生。渠道淤塞、渗漏会影响渠道输水效率,甚至会导致输水中断。

(3) 小水电厂房较多存在着不同程度的安全隐患。除少数新建厂房整体完好,建筑质量较高外,大部分小水电厂房兴建年代较早,已出现不同程度的老化,如江西省新干县窑里水库二级电站厂房,厂房主体结构为老式砖瓦桁架结构,修建于 20 世纪 60 至 70 年代,距今已有 50～60 年,老化问题也就在所难免。同时,潮湿且渗漏严重的厂房,漏电的可能性将会增大,如安徽省沙河集水库二级电站,一旦发生漏电,将危及电站管理人员的人身安全。厂房多修建于山脚下,山体滑坡是此类厂房面临的重大安全隐患之一。有些厂房由于当初设计不当加之年久老化失修,现已成为危房;还有些厂房破损严重,如江西省新干县左湖二级小水电厂房,整座厂房玻璃几乎全部破碎。

（4）其他水工建筑物(如压力前池、压力管道等)的安全问题同样不容乐观。这些建筑物经过多年运行,开始出现不同程度的安全隐患,老化、泥沙淤塞、漏水是它们所面临的主要问题。由于资金、政策等各方面的原因,这些建筑物大多未进行过彻底地更新改造,往往只做应急性的修补。如江西省新干县窑里水库二级电站压力前池老化严重,挡墙已发生严重变形,池体有随时垮塌的风险,且泥沙淤积较严重。有些小水电压力管道由于年久老化,管道表面剥蚀(或锈蚀)严重,发电时严重漏水,不仅造成了水资源的浪费,而且对压力管道结构安全不利。

（5）配套基础设施不够完善或比较落后。小水电配套水库缺乏必要的安全监测设施,有些防汛交通不便、通信设施不完备,一旦发生险情,难以有效组织抢险和及时通知下游群众转移。很多小水电进站道路依然是乡村土路,而且比较狭窄,下雨天泥泞不堪,人车通行不便。还有一些小水电依靠人工进行清污,上山清污的道路陡峭崎岖,对工作人员的人身安全构成了威胁。

（6）缺乏必要的应急预案以及相应的演练。应急预案在一定程度上能降低风险,有时甚至起决定性的作用。风险事件发生时,备有应急预案的小水电能有条不紊地实施风险控制措施应对险情,最大限度减轻风险事件的后果。我国小水电大多未按要求制定应急预案,有些小水电即使制定了较为详尽的应急预案,但从未进行过应急演练,所以应急预案很难起到实质性作用。

（7）管理人员专业水平普遍不足,运行管理不够规范。小水电业主聘请的工作人员多为当地农民,专业知识欠缺,也很少得到相关培训。有些小水电即使定期组织职工培训,但由于人员更迭频繁,致使管理水平整体低下。同时这些小水电还缺乏科学管理手段,安全管理制度不健全或执行不严。大部分小水电没有明确规定各个运行岗位的职责,运行操作不规范,操作人员仅根据平时经验进行现场操作,极易导致误操作事故的发生。

（8）工作环境比较恶劣。大部分小水电厂房不仅是工作人员的工作间,而且是他们日常生活的场所。有些厂房兼作工作人员的厨房,且没有配备灭火装置,一旦发生火灾,将会造成严重后果。此外,许多小水电依然使用20世纪70至80年代的水轮机,这些水轮机工作时产生的巨大噪声对工作人员的健康也非常不利。

上述安全隐患普遍存在于我国面广量大的小水电中,主要体现在工程安全与管理水平两个方面,且不同类型的水工建筑物都存在着不同程度的险情,必须引起足够重视。

3.6 原因分析

我国小水电目前存在设施老化、安全隐患多、管理水平低、管理条件差等问题,究其原因主要有以下几个方面。

(1) 工程建造年代早。对于那些出现险情的水工建筑物,它们几乎存在一个共同点,大多兴建于 20 世纪 60 至 70 年代,且多为"三边"与"三无"工程,建设标准低,多为群众投工投劳修建,施工质量差。加之经过几十年的运行,水工建筑物老化问题日益突出,因此出现目前的局面并非偶然。

(2) 资金不足是导致小水电病险突出的根本原因,也是制约小水电发展的瓶颈。面对小水电诸多的安全隐患,业主们并非没有察觉,他们也认识到了问题的严重性,迫切想对电站进行更新改造,以求效益的最大化。由于大部分小水电水轮机组老化、水能转换效率低以及上网电价低,导致大部分业主资金并不充裕,难以自行完成更新改造。如江西省新干县左湖二级电站改造工程,由于原有的钢筋混凝土压力管老化,漏水严重,极大地影响了发电效益,2007 年该电站对其进行了一次更新改造,将原压力管道改换成球墨镀铁管后,发电效益大增。即便如此,左湖二级电站水工建筑物依然存在其他安全隐患,如压力前池和引水渠道老化、漏水、淤塞问题严重。在更换过压力管道之后,业主已无力继续投资再对其他部分进行加固,只能"头痛医头、脚痛医脚",进行应急性修补,彻底改造很难实现。不仅如此,运行管理经费短缺也导致小水电维护保养工作难以为继,小水电老化失修,长期带病运行,容易导致"小病不治最终酿成大祸"的后果。

(3) 小水电业主较多只注重眼前利益,不愿投入较大资金对病险小水电进行彻底加固。大部分病险小水电从投产发电至今从未进行过彻底地更新改造。小水电业主大多不愿意在更新改造项目上投入太多资金,除部分确因资金短缺外,还有一些业主惧怕不能收回成本或嫌收回成本周期太长。病险小水电的引水渠道较明显地反映了这一现状,尽管渠道被冲刷、渗漏、淤塞问题很突出,但业主一般只对受冲刷最严重的渠面进行简单衬砌,而不对渠道进行系统全面的衬砌。

(4) 小水电管理水平普遍不高使小水电病险问题更加突出。小水电业主为节省成本,常聘请当地农民帮助管理。这些农民大多数对发电运行业务不了解,也缺乏安全意识和较强的责任心,因此对运行设备的检查不到位,给安全生产带来较大隐患[54]。同时大部分小水电缺乏科学管理手段,对职工进行技术培训和安全教育不足,部分管理人员没有经过系统的上岗培训,业务知识较缺乏。缺少人才已成为小水电效益提升的瓶颈。

纵观导致小水电现状的各种原因,有些是客观存在的,如建筑物的老化等,通过采取相应的工程措施可以改善。通过对小水电工程安全与管理现状的调研分析,可以更加全面清晰地认识我国小水电目前所面临的问题,为更好地制定风险控制措施提供科学依据。

4 小水电水工建筑物风险分析

风险辨识是小水电水工建筑物风险分析的基础,全面、系统地识别小水电运行过程中的风险,能为下一步建立风险综合评价指标体系奠定基础。借鉴小水电安全现状调研成果,按小水电水工建筑物的类别,通过分析各种水工建筑物可能出现的风险事故、产生风险的原因以及发生事故的后果,定性完成小水电风险辨识。

4.1 小水电风险辨识的方法与步骤

风险辨识又称风险识别,指对潜在与客观存在的各种风险进行系统和连续地预测、识别、推断和归纳,并分析产生风险事故原因的过程。引起小水电风险的因素很多,其后果的严重程度也各不相同,故不可能将所有的因素完全考虑到风险分析体系中[56]。对于那些发生可能性很小且失事后果又很轻微的风险因素,应及时排除在进一步的分析之外。同时,忽略或遗漏某些重要因素则不利于问题的解决,而且各影响因素间关系错综复杂,所以必须选用科学合理的风险辨识方法来进行风险因素的筛选。

目前,常用的风险辨识方法主要有事故树分析法、层次分析法、资料分析法、工程类比法、头脑风暴法、幕景分析法、敏感性分析法、Delphi 法、判断法以及分解法等[57]。归纳起来可分为定性识别方法和定量识别方法,如资料分析法、头脑风暴法就属于前者,定量识别方法包括层次分析法、工程类比法、Delphi 法等。定性识别方法虽然不受统计数据的限制,但却容易受到分析人员主观性影响而缺乏说服力;定量识别方法虽然因数据的量化而显得相对可靠,但往往因分析过于复杂而在工程中较少得到应用。

一般说来,风险辨识主要按以下 4 个步骤依次进行[58]。

(1) 明确所分析系统的任务、功能和目的。

(2) 在充分调研的基础上,进行初步危险分析。一般而言,应用系统分析理论、结合相关技术理论,先将复杂的系统分解成相互保持一定联系、比较简单、易于认识和描述的子系统,再针对系统的功能定义,确定系统失效模式及影响因素。

(3) 选择恰当的分析方法。根据所收集的资料和分析人员对风险事件的认识,采用一定的方法对系统进行风险辨识,找出各种有可能发生的风险事件、影响因素,并且确定影响因素对风险事件、风险事件对子系统以及子系统对整个系统的影响关系。

(4) 风险后果分析。在后果分析中要估算每一失效事件的危害程度。

4.2 小水电定性风险辨识

小水电有引水式、坝后式、河床式 3 种典型布置型式,不同型式小水电的组成建筑物有所不同。不仅如此,同类水工建筑物又有多种类别,如大坝有土石坝、混凝土坝之分,厂房可以分为地上厂房与地下厂房。若采用定量识别的方法,将会异常烦琐,不便于操作。借鉴小水电安全现状调研成果,本书采用定性识别方法对小水电风险进行识别。

小水电定性风险辨识实质上就是要对小水电可能出现的失事形式、产生这些失事形式的影响因素以及失事后可能造成的后果加以识别,具体来说,就是要回答以下 3 个问题:

(1) 小水电可能会有哪些风险事件发生?

(2) 产生上述失事风险的因素(或原因)是什么?

(3) 失事会导致怎样的后果?

风险事件指对小水电工程安全造成威胁的事件,各类水工建筑物因工程特性的不同而产生的风险事件各异。产生风险的原因有很多,除地震、洪水等自然灾害外,建筑物老化、设计不当、工程质量差、人为操作失误是最常见的原因。各类水工建筑物在整个系统中发挥的作用各不相同,失事后果也就有所不同。水工建筑物失事均会带来不同程度的经济损失。其中,挡水建筑物失事产生的后果最为严重,不仅会造成经济上的损失,而且还会导致人员伤亡、影响下游生态环境。

将小水电目前存在的安全隐患与小水电固有的工程特性相结合,按水工建筑物类别,分别对小水电各水工建筑物可能出现的风险事件、产生风险的原因与失事后果进行辨识,如表 4.1 所示。

表 4.1　小水电风险辨识表

代号	水工建筑物类别	风险事件	产生的原因	失事后果
1	大坝/水闸	溃决	土石坝漫顶、结构破坏、渗流破坏、人为操作失误、其他	失事后果与水库库容、坝高、下游情况等一系列因素相关。一般会造成人员伤亡、经济损失、甚至对下游生态环境与社会环境都会造成影响
2	溢洪道/闸	闸门不能正常开启	缺乏维护、人为操作失误	洪水不能正常下泄，导致土石坝漫顶溃决。后果同上
3	渠道	滑坡	结构破坏、地震	电站停止发电，造成一定的经济损失，一般不会造成人员伤亡，对生态环境也不会造成太大的影响
		泥沙淤塞严重	长期未清淤，设计不合理	严重影响渠道过水能力，发电转化率低，造成一定经济损失
		异常渗漏	渠道无衬砌，衬砌老化严重，未做防渗处理或渗防措施不足作用	水资源浪费，水能转化率低，造成一定经济损失
4	引水隧洞	坍塌	结构破坏、地震	小水电输水线路被截断，电站停止发电，造成经济损失
		异常渗漏	老化、不均匀变形、产生裂缝	水资源流失、水能转化率下降，造成经济损失
5	压力前池	泥沙淤塞	长期未清淤、设计不合理	严重影响输水能力、发电效率低，造成经济损失
		垮塌	挡土墙变形、地基变形、老化	电站停止发电，造成经济损失。若压力前池储水量大，还会造成人员伤亡，对生态环境也会造成影响
6	压力管道	破裂	（钢筋混凝土管）碳化、（金属管）锈蚀严重，地震、地基变形，镇墩强度下降，外水压力、操作失误	电站停止发电，造成经济损失，甚至还会冲毁厂房，造成人员伤亡和更大的经济损失
7	渡槽	严重漏水	老化严重	水资源浪费、水能转化率低，造成经济损失
		倒塌	地震、地基变形、承载力下降、结构失稳	电站停止发电，水能转化率降低，造成局部地区受淹，导致更大损失

续表

代号	水工建筑物类别	风险事件	产生的原因	失事后果
8	升压站	倒塌	地基变形、老化	经济损失,甚至会发生人员伤亡
		触电	无栏杆与保护装置	人员伤亡、经济损失
9	厂房	垮塌	地震、老化、结构失稳、山体滑坡、水流冲击	人员伤亡与经济损失
		水淹	不满足防洪要求、洪水	经济损失,可能还会导致人员伤亡
		起火	人为失误、线路老化短路	经济损失,可能还会导致人员伤亡

4.3 小水电失事概率量化

目前关于失事概率的计算,常用方法有事件树法、历史资料统计法、可靠度方法。

事件树法[59]是通过建立失事模式与路径,利用事件树原理求失事概率。但由于小水电型式并不单一,且各种型式小水电水工建筑物的组成又不一样,各类水工建筑物又有多种型式,因此,建立小水电失事模式与路径将是一件非常烦琐与困难的事情,不便于问题的解决。

历史资料统计法即根据历史上发生过类似事件的概率来确定将来发生该事件的可能性。在小水电各类水工建筑物中,除大坝失事统计资料相对完善外,我国迄今还未建立其他类水工建筑物的失事统计资料。不仅如此,每一座小水电水工建筑物的组成、规模、失事时面临的内外部条件也不一样,用历史上的失事统计数据预测小水电失事概率显然是不合适的。

采用可靠度理论[60]来计算某一事件出现的概率时,虽然理论性很强,但具体操作时不仅需要获取有关计算参数,而且要了解参数的随机分布特性,这对技术资料的要求非常高,往往很难实现。因此,目前采用上述方法很难将小水电失事概率进行量化。

避开小水电失事概率难于量化这一问题,采用综合评价理论可以快速有效地实现小水电风险状态的评价。由风险辨识成果可知,小水电风险受多种因素的共同影响,而综合评价方法对多因素、多层次的复杂问题评判效果显著。

本书借鉴综合评价思想,以"小水电风险"为评价目标,通过建立完善的指标体系以及选择合适的综合评价模型来对小水电风险进行综合评价。

4.3.1 综合评价流程

从操作程序来讲,综合评价通常要经历确定评价对象和评价目标,构建综合评价指标体系,选择定性或定量评价方法,选择或构建综合评价模型,分析综合评价得出的结论,提出评价报告等过程[61]。具体程序如下。

1. 确定评价对象

评价的对象通常是同类事物(横向)或同一事物在不同时期的表现(纵向)。

2. 明确评价目标

评价目标不同,所考虑的因素就有所不同。

3. 组织评价小组

评价小组通常由评价所需要的技术专家、管理专家和评价专家组成。参加评价工作的专家资格、组成以及工作方式等都应满足评价目标的要求，以保证评价结论的有效性和权威性。

4. 确定评价指标体系

指标体系是从总的或一系列目标出发，逐级发展子目标，最终确定各专项指标。

5. 选择或设计评价方法

评价方法根据评价对象的具体要求不同而有所不同。总的来说，要选择成熟的、公认的评价方法，并注意评价方法与评价目标的匹配，注意评价方法的内在约束，掌握不同方法的评价角度与评价途径。

6. 选择和建立评价模型

评价问题的关键是从众多的方法模型中选择一种恰当的方法模型。任何一种综合评价方法，都要依据一定的权重对各单项指标评判结果进行综合，权重比例的改变会变更综合评价的结果。

7. 评价结果分析

综合评价工作是一件主观性很强的工作，我们在评价工作中必须以客观性为基础，提高评价方法的科学性，保证评价结果的有效性。

以上各个步骤中，指标体系的建立与综合评价模型的选取是整个综合评价的核心部分。

4.3.2　综合评价指标体系

4.3.2.1　指标选取原则

指标选取的正确与否很大程度上影响最终评价结果的准确性，指标的选取一般遵循以下原则[62-63]。

1. 指标宜少不宜多，宜简不宜繁

评价指标并非多多益善，关键在于评价指标在评价过程中所起作用的大小。目的性是出发点，选取的任何指标都应是为了分析小水电风险而设立的。指标体系应涵盖为达到评价目标所需的基本内容，能反映对象的全部信息。当然，指标的精练可减少评价的时间和成本，使评价活动易于开展。

2. 指标应具有独立性

每个指标要内涵清晰、相对独立；同一层次的各指标之间应尽量不相互重叠，相互间不存在因果关系。指标体系要层次分明，简明扼要。整个评价指标体系的构成必须紧紧围绕着综合评价目标层层展开，使最后的评价结论真实反映评价意图。

3. 指标应具有代表性和差异性

指标应具有代表性,以很好地反映研究对象某方面的特性。指标间也应具有明显的差异性,也就是具有可比性。评价指标和评价准则的制定要客观实际,便于比较。

4. 指标具有可行性与科学性

指标应简便可行,符合客观实际水平,方便采集数据与收集资料,易于操作。各指标必须概念明确,具有一定的科学内涵,其设计要反映小水电的实际情况,以及涵盖小水电风险的主要因素。

5. 定性与定量相结合

影响小水电风险的指标中,有些是可以量化的,有些又只能进行定性描述。因此,小水电风险综合评价指标体系中应当满足定性与定量相结合的原则。

4.3.2.2 综合评价指标

小水电水工建筑物类型一般可分为 5 类,但有些类型的建筑物属于特有建筑物,不具有代表性。挡水建筑物、泄水建筑物、输水建筑物与发电建筑物是多数小水电所共有的最普遍、最常见的 4 类建筑物,而在小水电中,出于经济方面的考虑,往往将溢洪道与大坝相结合建于河床上,故可以考虑将挡、泄水建筑物合为一类。选择的指标要具有代表性,小水电的运行状态主要可通过挡(泄)水建筑物、输水建筑物、发电建筑物 3 类水工建筑物的工程性态来反映。

依据小水电自身的工程特性与前文风险辨识的成果,选取了与小水电运行状态最相关的 13 个指标建立综合评价指标体系,包括挡水建筑物防洪能力、结构安全性、渗流态势、泄水建筑物泄流能力、结构稳定性、明渠(或隧洞)渗漏状况、淤塞程度、结构稳定性、压力管道渗漏状况、结构稳定性、厂房防洪能力、地质灾害、结构稳定性。依次用 $u_1,u_2,u_3,\cdots,u_{12},u_{13}$ 表示。

以"小水电运行状态"为评价目标,利用选定的 13 个指标构建出小水电运行状态综合评价指标体系,如图 4.1 所示。

引水式小水电是小水电最重要的一种布置型式,本书第一章就已提及——"掌握引水式小水电的组成建筑物及其特性对研究各类小水电具有举一反三的作用"。因此,本书建立的小水电运行状态综合评价指标体系就是以引水式小水电为原型而建立的。

4.3.2.3 指标说明

挡水建筑物防洪能力(Flood Control Capacity)u_1:指大坝、堰、闸等挡水建

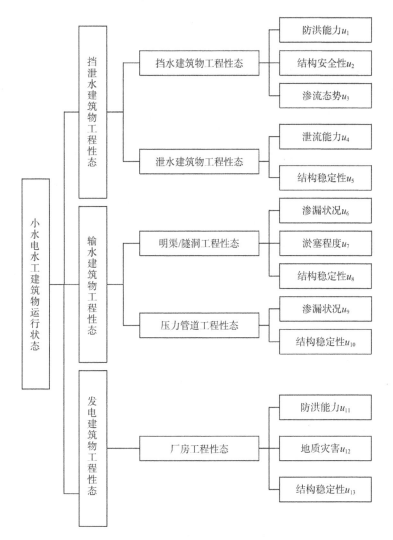

图 4.1 小水电水工建筑物风险综合评价指标体系

筑物抵御洪水的能力。主要通过查阅工程相关资料、延长洪水系列、水库淤积等情况进行复核计算。

挡水建筑物结构安全性(Deformation Behaviors)u_2：指各类挡水建筑物在各种荷载作用下结构的安全性能。具体表现形式有裂缝、沉陷、塌坑等。主要通过现场检查、观测资料分析对其进行评价。

挡水建筑物渗流态势(Seepage State)u_3：指各类挡水建筑物在上下游水位差作用下，挡水建筑物基础及体内水的渗流特性。主要通过浸润线形状、现场检查以及观测资料分析来评价。

泄水建筑物泄流能力（Flood Discharge Capacity）u_4：指溢洪道、溢洪闸、泄洪洞等泄水建筑物宣泄洪水的能力。主要通过现场检查、查阅相关资料、水力学核算的方式来获得该指标的评价结果。

泄水建筑物结构稳定性（Structural Stability）u_5：指溢洪道、溢洪闸、泄洪洞等泄水建筑物在各种荷载作用下工程结构的安全程度。主要通过现场检查和力学计算来判断其是否有失稳趋势。

明渠/隧洞渗漏状况（Leakage State）u_6：指渠道、隧洞等输水建筑物漏水的严重程度。主要通过现场检查的方式对其进行评估。

明渠/隧洞淤塞程度（Silting Degree）u_7：指渠道、隧洞等输水建筑物泥沙淤积的严重程度。主要通过现场检查的方式来完成淤塞程度的评估。

明渠/隧洞结构稳定性（Structural Stability）u_8：指渠道、隧洞等输水建筑物在各种荷载作用下工程结构的安全程度。主要通过现场检查和力学计算来判断其是否有失稳趋势。

压力管道渗漏状况（Leakage State）u_9：指输水建筑物压力管道漏水的严重程度。主要通过现场检查的方式对其进行评估。

压力管道结构稳定性（Structural Stability）u_{10}：指输水建筑物压力管道在各种荷载作用下工程结构的安全程度。主要通过现场检查和力学计算来判断其是否有失稳趋势。

厂房防洪能力（Flood Control Capacity）u_{11}：指厂房抵御洪水及水淹的能力。主要通过现场检查、查阅相关工程基础资料和洪水复核计算对其进行评估。

厂房地质灾害（Geologic Hazard）u_{12}：指在自然或者人为因素的作用下，对人类生命财产、环境造成破坏和损失的地质作用（现象）。小水电厂房所遭受的地质灾害主要包括崩塌、滑坡和泥石流。主要通过现场检查、查阅相关资料以及监测资料分析来获得地质灾害的评价结果。

厂房结构稳定性（Structural Stability）u_{13}：指厂房在各种荷载作用下工程结构的安全程度。主要通过现场检查和力学计算来判断其是否有失稳趋势。

4.3.2.4 指标量化标准

小水电运行状态综合评价指标可分为定性指标和定量指标两类。除挡水建筑物防洪能力、厂房防洪能力为定量指标外，其他均为定性指标。在小水电风险分析过程中，根据小水电自身特点把定性指标分成 4 个不同的水平等级，定量指标分成 4 个不同的区间段，并给出统一的标准分值，如表 4.2 所示。各指标防洪标准越高或定性评价越好，赋分值越高。

表 4.2　指标赋分标准

指标			赋值			
			(0,5]	(5,10]	(10,15]	(15,20]
防洪能力 u_1（重现期/年）	土坝、堆石坝	建筑级别3	≥1 000	≥500 <1 000	≥300 <500	<300
		建筑级别4	≥300	≥200 <300	≥100 <200	<100
		建筑级别5	≥200	≥100 <200	≥30 <100	<30
	混凝土坝、浆砌石坝	建筑级别3	≥500	≥300 <500	≥200 <300	<200
		建筑级别4	≥200	≥150 <200	≥100 <150	<100
		建筑级别5	≥100	≥50 <100	≥30 <50	<30
结构安全性 u_2	土石坝		无明显异常现象;大坝水平位移及坝体沉降未超过有关规范规定的允许值	坝体出现裂缝,但对结构安全影响不大;大坝水平位移及坝体沉降未超过有关规范规定的允许值。变形监测值未超过有关规范规定的允许值	坝体局部出现影响结构安全的裂缝,采取了临时修补措施;变形监测值已十分临近或已等于有关规范规定的允许值	坝体多处出现影响结构安全的裂缝;位移监测值超过有关规范规定的允许值
	混凝土坝		未见明显影响结构安全的现象	坝体混凝土轻微腐蚀;局部出现较大裂缝,但对结构安全不会造成太大影响	坝体混凝土腐蚀;局部出现影响结构安全的裂缝,采取了临时修补措施	坝体混凝土严重腐蚀;多处出现影响结构安全的裂缝;坝体混凝土受压破碎;沿坝基面发生明显位移或坝身明显倾斜

续表

指标	赋值			
	(0,5]	(5,10]	(10,15]	(15,20]
渗流态势 u_3	在相同条件下,浸润线保持稳定;渗流量不大,稳定且渗水清澈;渗透坡降近小于允许坡降	在相同条件下,浸润线有轻微扰动,但渗流量有小幅值,但不超过历史最高值;渗水清澈;渗透坡降接近允许坡降	在相同条件下,浸润线较大,但基本能保持稳定;渗水清澈;渗透坡降等于或接近允许坡降	在相同条件下,浸润线有变形,升高趋势;渗流量持续增大,渗水混浊,携出物增多;渗透坡降超过允许坡降
泄流能力 u_4	泄流能力满足规范设计要求,泄流槽内无杂草,淤积,有备用电源,启闭可靠,门闭可靠,运行中从未发生过闸门启闭故障情况	泄流能力满足规范设计要求,泄流槽内轻微淤积,有少许杂草,有备用电源,启闭可靠,金属结构轻微老化	泄流能力满足规范设计要求,但泄流槽内长满杂草,淤积严重,闸门无备用电源,运行中曾发生过闸门启闭故障情况;金属结构老化	泄流能力严重不满足规范设计要求,闸门无备用电源,运行中发生过多次闸门启闭故障情况,金属结构严重老化
结构稳定性 u_5	未见对结构安全产生危害的裂缝;渗流状态良好;库岸边坡稳定	发现一些安全隐患,但对整体结构安全影响不大;渗流状态一般;库岸边坡稳定	发现影响结构安全的裂缝,采取了临时性补救措施;渗流状态差;库岸边坡不稳定	发现影响结构安全的裂缝,且未采取任何补救措施;渗流严重异常;库岸边坡不稳定
渗漏状况 u_6	未发现异常渗漏现象;渠道(或隧洞)衬砌完好	发现异常渗漏现象,但渗漏量不大;渠道;渠道进行了丁字砌,能选择性地进行了衬砌,能起到一定的防渗作用	发现多处异常渗漏现象,且渗漏量偏大;部分渠道(或隧洞)的衬砌已老化或起不到防渗作用	发现多处异常渗漏现象,且渗漏量非常大;渠道(或隧洞)无衬砌或衬砌已严重老化,起不到防渗作用
淤塞程度 u_7	未发现淤塞现象;渠道(或隧洞)坡度设计合理	发现轻微淤塞现象,但对输水能力影响不大;渠道(或隧洞)坡度设计合理	淤塞现象较严重;渠道(或隧洞)坡度设计不太合理	淤塞现象严重,已严重影响输水能力;渠道(或隧洞)坡度设计不合理
结构稳定性 u_8	未发现滑坡,坍塌迹象	发现滑坡,坍塌迹象,但已采取必要的抗滑措施	发现多处渠段边坡被水流冲刷严重或隧洞衬砌已严重老化,隧洞内石子脱落现象严重	已多处出现过滑坡,坍塌,且未采取任何有效的抗滑措施

续表

指标	赋值 (0,5]	(5,10]	(10,15]	(15,20]
渗漏状况 u_9	压力管道完好,无漏水现象,工作正常	压力管道轻微老化,但已采取必要的补救措施	压力管道老化较严重,管道局部漏水,且未采取任何补救措施	钢筋混凝土管碳化或金属管道锈蚀)严重,渗漏量很大
结构稳定性 u_{10}	现场检查未见影响结构安全的裂缝,或处于抗震设防区,不处于抗震设防区,采取了有效的抗震措施	现场检查发现少许裂缝,但不影响整体结构的安全,但处于抗震设防区,采取抗震措施不够完善	现场检查发现影响结构安全的裂缝,采取了临时设防区,处于抗震设防区,采取抗震措施不完善	现场检查发现影响结构安全的裂缝,但未采取有效措施进行修补;处于抗震设防区,但未采取有效抗震措施
防洪能力 u_{11} (重现期/年) 壅水厂房 厂房级别3	≥200	≥150 <200	≥100 <150	<100
非壅水厂房 厂房级别4	≥100	≥80 <100	≥50 <80	<50
厂房级别5	≥50	≥40 <50	≥30 <40	<30
地质灾害 u_{12}	厂房所处地质条件良好,无发生地质灾害可能性	厂房所处地质条件一般,有发生滑坡、坍塌(地下厂房)的可能,且采取一定的防护措施	厂房所处地质条件一般,有发生滑坡、坍塌(地下厂房)的可能,采取的防护措施效果一般	厂房所处地质条件差;有发生滑坡、坍塌(地下厂房)的可能,且采取有效防护措施或措施已失效
结构稳定性 u_{13}	未发现影响结构安全的隐患,厂整体保存完好	墙体出现一些较大的裂缝,但整体结构保持稳定;厂房轻微老化	发现影响厂房结构安全临时补救的裂缝,采取了临时补救措施;厂房老化、轻微倾斜	发现影响结构安全的裂缝,但未采取任何补救措施;厂房发生明显倾斜

与 u_1 赋值标准相同

注:表中"防洪能力 u_{11}"量化主要针对山区、丘陵小水电,平原地区的小水电参照此标准量化。

4.3.2.5 综合评价专家小组

在指标实际赋分过程中,专家经验将起到至关重要的作用,因此,事先成立一个分工明确、组成合理的专家小组显得尤为重要。小水电运行状态综合评价专家小组的一般构成如表 4.3 所示。

表 4.3 小水电风险评价专家组

主要参与者	工作中的角色
总负责人	负责拟定全面而详细的风险分析计划,起协调作用
坝工专家	主要对渗流态势 u_3、泄流能力 u_4 赋分
水文专家	主要对防洪能力 u_1、u_{11} 赋分
水工结构专家	主要对结构安全性 u_2、结构稳定性 u_5、u_8、u_{10}、u_{13} 赋分
小水电专家	主要对渗漏状况 u_6、淤塞程度 u_7、渗漏状况 u_9 赋分
地质专家	主要对地质灾害 u_{12} 赋分
运行管理人员	配合各专家赋分

在指标量化过程中,专家组主要通过现场检查、查阅相关的资料(监测资料、安全评价报告、设计报告、运行记录等),必要时进行复核计算以及与相关工作人员沟通等方式对指标赋分,具体的量化标准参照表 4.2 执行。

在对一批小水电进行风险分析时,可先选择 1～2 个典型小水电作为案例。专家就赋分原则进行讨论和试赋分,然后再采用统一标准和尺度对其他小水电赋分,以最大程度减少人为因素的干扰。

4.3.2.6 专家赋分值的处理

综合评价小水电运行状态,其精确度很大程度上依赖于专家打分的准确性与合理性。在对小水电运行状态展开评价时,专家的选取多为评价方的主观选择,而且各个专家对各指标的认识程度不一样,使得专家之间的赋分值存在着一定程度的差异。借鉴传递熵的思想可以很好地减少赋分所带来的主观性影响。

熵是简单巨系统的一个重要概念,最早是在 1864 年由物理学家 R. Clausius 在《热之唯动说》中提出用于描述系统状态的物理量[64-66]。传递熵是信息准确度和价值的有效测度。设状态空间 x 上信息 A 的条件概率为 $P(y_k, x_l)(k, l = 1, 2, \cdots, n)$,$A$ 的传递矩阵为 $E(A) = (e_1, e_2, \cdots, e_n)$,其中,$e_l(l = 1, 2, \cdots, n)$ 为状态 l 发生时信息 A 的准确度,其值越大,准确度也就越高。

$$e_l = \frac{1}{n-1}\sum_{k=1}^{n}[P(y_l/x_l) - P(y_k/x_l)], l = 1,2,\cdots,n。$$ 称 $H(A) = \sum_{k=1}^{n} h_k$ 为信

息 A 的传递熵。其中，$h_k = \begin{cases} -e_k \ln e_k & (1/e < e_k \leqslant 1) \\ 2/e - e_k |\ln e_k| & (0 \leqslant e_k \leqslant 1/e) \end{cases}$ 传递熵表明了给定信

息 A 的不确定度。

在小水电运行状态评价过程中，假定有一位理想的最优专家，其打分最准确、最公正。与这位最优专家打分差距越大的专家，其赋分可信度就越低，反之可信度越高。与最优专家赋分的差距用熵来表示，可以建立这样的模型：

设有 m 个专家 $S_1, S_2, \cdots, S_m$ 组成评价小组。在本书中，评价指标为 $u_1, u_2, \cdots,$ u_{13}。$x_{ij}(i=1,2,\cdots,m; j=1,2,\cdots,13)$ 表示第 i 个专家对第 j 个评价指标的赋分值。向量 $\boldsymbol{x}_i = (x_{i1}, x_{i2}, \cdots, x_{i13})$ 和矩阵 $\boldsymbol{X} = (x_{ij})_{m \times 13}$ 是各专家和专家组在一次评估中的赋分情况。记 S_* 为最优专家，其赋分向量为 $\boldsymbol{x} = (x_{*1}, x_{*2}, \cdots,$ $x_{*13})$。用各专家赋分结果与 S_* 赋分结果的差异大小来度量所选专家的打分水准。专家的打分水准评价向量为

$$\boldsymbol{E}_i = (e_{i1}, e_{i2}, \cdots, e_{i13}),其中，e_{ik} = 1 - \frac{|x_{ik} - \overline{x_{\cdot k}}|}{\max x_{\cdot k}}, (i=1,2,\cdots,m; k=1,$$

$2,\cdots,13)，\overline{x_{\cdot k}}$ 表示所有专家对第 k 个评价目标赋分值的平均值，$\max x_{\cdot k}$ 表示专家们对第 k 个评价指标赋分值的最大值，$\boldsymbol{E}_i$ 反映了专家 S_i 对评价指标 $u_1,$ $u_2, \cdots, u_{13}$ 打分的水准。

借鉴传递熵的思想，可以建立如下基于熵的专家打分结果评定模型，如式 (4-1)、式(4-2)所示：

$$H_i = \sum_{j=1}^{n} h_{ij} \tag{4-1}$$

$$h_{ij} = \begin{cases} -e_{ij} \ln e_{ij} & (1/e < e_{ij} \leqslant 1) \\ 2/e - e_{ij} |\ln| e_{ij} & (0 \leqslant e_{ij} \leqslant 1/e) \end{cases} \quad i=1,2,\cdots,m; j=1,2,\cdots,13$$
$$\tag{4-2}$$

该模型将专家对给定问题的评价能力用其给定的赋分结果的不确定性来度量，熵值 H_i 的大小表示了不确定性的程度。熵值 H_i 越小，表明第 i 位专家的决策水平越高，赋分结果越科学，最后进行加权计算时分配的权重也就越大；反之相反。因此，可采用式(4-3)来计算各专家赋分值的权重。

$$c_i = \frac{1/H_i}{\sum 1/H_i} \quad i=1,2,\cdots,m \tag{4-3}$$

最后,利用加权综合的方法对专家们的赋分值进行处理,可以得到各风险要素的计算值,如式(4-4)所示。

$$\overline{u}_j = \sum_{i=1}^{n} x_{ij} c_i \quad i=1,2,\cdots,m; j=1,2,\cdots,13 \tag{4-4}$$

其中,$\overline{u}_j$ 表示综合所有专家意见后对评价目标 u_j 的计算值。

利用建立的专家评定模型对专家们的打分结果进行处理,可以极大地减少主观性带来的影响,使小水电运行综合评价结果更趋合理,决策更具科学性。

4.3.3 综合评价方法

现代综合评价方法[67]有很多,如线性加权法、层次分析法、模糊综合评价法、人工神经网络评价法等。按照评价与所使用信息特征的关系,可分为基于数据的评价、基于模型的评价、基于专家经验的评价。针对同一问题,选用不同的评价方法可能会得到不同的评价结果,有时甚至结果相反。因此,选择适宜的评价方法显得尤为重要。

在选择评价方法时,应符合综合评价对象和综合评价任务的要求,根据现有资料状况,做出科学的选择。评价方法的选取一般遵循以下原则[68]。

(1) 选择评价者最熟悉的评价方法。

(2) 所选择的方法必须有坚实的理论基础,能为人们所信服。

(3) 所选择的方法必须简洁明了,尽量降低算法的复杂性。

(4) 所选择的方法必须能够正确地反映评价对象和评价目标。

线性加权综合评价方法把各指标对整体的影响综合起来,量化各指标并计入权重后进行叠加,根据综合评价值确定评价结果。它适合于受多因子影响,且各因子影响程度又各不相同的对象,小水电运行状态综合评价选用线性加权综合评价方法较为合适。

4.3.3.1 线性加权综合评价模型

加权综合评价法数学模型为

$$C = \sum_{i=1}^{m} \omega_i u_i \tag{4-5}$$

其中,C 表示综合评价值;u_i 表示指标 i 量化后的值($u_i \geqslant 0$);ω_i 表示指标 i 的权重系数($0 \leqslant \omega_i \leqslant 1$);$m$ 表示评价指标个数。

在小水电运行状态综合评价模型中,u_i 为综合所有专家意见后的各指标计

算值 $\overline{u}_i$，评价指标共有 13 个，$m = 13$。式(4-5)可改写为

$$C = \sum_{i=1}^{13} \omega_i \overline{u}_i \qquad (4-6)$$

利用式(4-6)计算得到的 C 是一个介于 0 和 20 之间的数，根据 C 值的不同，将小水电运行状态分成 4 个等级(见表 4.4)。

表 4.4　小水电水工建筑物运行状态等级划分表

C 值	[0,5]	(5,10]	(10,15]	(15,20]
运行状态等级	危险	较差	一般	安全

4.3.3.2　确定指标权重

线性加权综合评价模型中，指标权重选择合适与否直接关系到模型的成败。确定权重的方法有很多，如专家估计法、层次分析法等，可根据系统的复杂程度和实际工作需要进行适当选择。

层次分析法[69-70](Analytic Hierarchy Process，AHP)是目前较为科学的一种计算权重的方法，其对各指标之间重要程度的分析更具逻辑性，再加上数学处理，可信度相对较高，应用范围较广。本书选用该方法计算小水电运行状态综合评价各指标的权重。

层次分析法本质上是一种决策思维方式，它把复杂的问题分解为各组成因素，将这些因素按支配关系分组以形成有序的递阶层次结构，通过两两比较判断的方式确定每一层次中因素的相对重要性，构造比较判断矩阵。最后对判断矩阵进行各种计算得到各因素的权重。运用 AHP 方法计算权重的流程如图 4.2 所示。

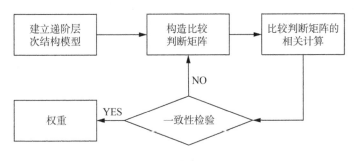

图 4.2　AHP 计算权重流程图

1. 建立递阶层次结构模型

4.3.2 节已建立了层次分明的小水电运行状态综合评价层次结构。

2. 指标间的两两比较与判断矩阵的构建

层次结构确立之后,需要根据每一层次中各指标的相对重要性给出判断,这些判断通过引入合适的标度用数值表示出来,写成判断矩阵的形式。一般说来,判断矩阵应由熟悉问题的专家独立给出。表 4.5 为常用的 1~9 标度方法。

表 4.5　判断矩阵标度及其含义

序号	重要性等级	C_{ij} 赋值
1	i,j 两元素同等重要	1
2	i 元素比 j 元素稍重要	3
3	i 元素比 j 元素明显重要	5
4	i 元素比 j 元素强烈重要	7
5	i 元素比 j 元素极端重要	9
6	i 元素比 j 元素稍不重要	1/3
7	i 元素比 j 元素明显不重要	1/5
8	i 元素比 j 元素强烈不重要	1/7
9	i 元素比 j 元素极端不重要	1/9

注：$C_{ij}=\{2,4,6,8,1/2,1/4,1/6,1/8\}$ 表示重要性等级介于 $C_{ij}=\{1,3,5,7,9,1/3,1/5,1/7,1/9\}$,如 $C_{ij}=2$,表示 i 元素与 j 元素相比介于"同等重要"与"稍重要"之间。这些数字是依人们进行定性分析的直觉和判断力而确定的。

对于 n 个元素,可以通过两两比较得到判断矩阵 $\boldsymbol{C}=(C_{ij})_{m\times n}$。

$$\boldsymbol{C}=\begin{bmatrix} C_{11} & C_{12} & \cdots & C_{1n} \\ C_{21} & C_{22} & \cdots & C_{2n} \\ \vdots & \vdots & \ddots & \vdots \\ C_{n1} & C_{n2} & \cdots & C_{nn} \end{bmatrix} \tag{4-7}$$

其中,C_{ij} 表示因素 i 和因素 j 相对于目标的重要性。判断矩阵 $\boldsymbol{C}$ 具有如下性质。

(1) $C_{ij}>0$。

(2) $C_{ij}=1/C_{ji}(i\neq j)$。

(3) $C_{ij}=1(i,j=1,2,\cdots,n)$。

(4) C 为一个正反矩阵,若对于任意 i,j,k,均有 $C_{ik}=C_{ij} \cdot C_{jk}$。

3. 计算各判断矩阵权重,并做一致性检验

(1) 求出判断矩阵每行所有元素的几何平均值 $\overline{\omega}_i$:

$$\overline{\omega}_i = n\sqrt{\prod_{j=1}^{n} C_{ij}} \qquad (4-8)$$

(2) 将 $\overline{\omega}_i$ 归一化处理,计算 ω_i:

$$\omega_i = \frac{\overline{\omega}_i}{\sum\limits_{i=1}^{n} \overline{\omega}_i} \qquad (4-9)$$

则 $\boldsymbol{\omega}=(\omega_1,\omega_2,\cdots,\omega_n)$ 为所求的特征向量。

(3) 计算判断矩阵的最大特征值 $\lambda_{\max}$:

$$\lambda_{\max} = \sum_{i=1}^{n} \frac{(C\omega)_i}{n\omega_i} \qquad (4-10)$$

上式中,$(C\omega)_i$ 为向量 $(C\omega)$ 的第 i 个元素。

(4) 计算一致性指标 CI,进行一致性检验。其公式如下:

$$CI = \frac{\lambda_{\max}-n}{n-1} \qquad (4-11)$$

上式中 n 为判断矩阵阶数,由表 4.6 可查出随机一致性指标 RI,并计算比值 CI/RI,当 $CI/RI<0.1$ 时,则判断矩阵一致性达到了要求。否则重新进行判断,写出新的判断矩阵。

表 4.6　RI 取值表

n	1	2	3	4	5	6	7	8	9
RI	0	0	0.58	0.90	1.12	1.24	1.32	1.41	1.45

4. 计算成果

(1) 各级指标权重

在小水电的 3 类主要水工建筑物之中,挡(泄)水建筑物作为整个水工枢纽的核心部分,其工程性态最为关键,输水建筑物与发电建筑物之间则很难分辨出谁对整个系统的影响更大。因此,输水建筑物与发电建筑物工程性态"同等重要",两者之间定为 1 与 1 的关系。挡(泄)水建筑物比输水建筑物"稍重要",两者之间定为 3 与 1 的关系。由此得到的评价矩阵见表 4.7。

表 4.7　评价矩阵

	u_{11}	u_{12}	u_{13}
u_{11}	1	3	3
u_{12}	1/3	1	1
u_{13}	1/3	1	1

计算得出挡(泄)水建筑物工程性态权重为 0.6,输水建筑物工程性态权重为 0.2,发电建筑物工程性态权重也为 0.2。

通常将挡、泄水建筑物合并成一个整体,因其重要程度相当。挡水建筑物与泄水建筑物工程性态的关系介于"稍重要"与"同等重要"之间,定为 3 与 2。经计算得挡水建筑物工程性态权重为 0.6,泄水建筑物工程性态权重取 0.4。

输水建筑物中,明渠(或隧洞)与压力管道的工程性态重要程度一样,权重各取 0.5。

防洪能力作为挡水建筑物最重要的工程指标,其重要程度应高于结构安全性与渗流态势。因此,在影响挡水建筑物工程性态的 3 个指标中,防洪能力比结构安全性"稍重要",定为 3 与 1 的关系;结构安全性与渗流态势同等重要,定为 1 与 1 的关系。经计算得防洪能力权重为 0.6,结构安全性权重为 0.2,渗流态势权重为 0.2。

同样,泄流能力是泄水建筑物最重要的工程指标,与结构稳定性相比,重要程度应不亚于"稍重要",两者之间的关系定为 3 与 1。计算得泄流能力权重为 0.75,结构稳定性权重为 0.25。

在影响小水电输水建筑物、发电建筑物工程性态的指标中,各指标对工程性态影响相同,这些指标的权重统一按平均值来确定。综上所述,所有的各级评价指标权重均已确定,小水电运行状态综合评价各级指标权重见表 4.8。

(2)特殊情形下权重的变更

4.3.2 节建立的指标体系是基于引水式小水电,河床式小水电与之相比,无输水建筑物,一级指标权重需要重新进行分配。

河床式小水电中主要有挡(泄)水建筑物与发电建筑物两种类型,挡(泄)水建筑物一旦失事,不仅会引发连锁反应,导致厂房失事,而且对河流下游也会造成影响。但由于河床式小水电壅高水头有限,并不会对下游造成太严重的影响。因此,挡(泄)水建筑物重要性程度与发电建筑物相比,视为"稍重要",将二者定为 3 与 1 的关系。计算得挡(泄)水建筑物权重为 0.75,发电建筑物权重为 0.25。河床式小水电各指标权重如表 4.9 所示。

表 4.8　引水式小水电运行状态综合评价各级指标权重表

评价目标	一级指标权重	二级指标权重	三级指标权重
小水电水工建筑物运行状态	挡（泄）水建筑物工程性态 $F_{11}(0.6)$	挡水建筑物工程性态 $F_{111}(0.6)$	防洪能力 $u_1(0.6)$
			结构安全性 $u_2(0.2)$
			渗流态势 $u_3(0.2)$
		泄水建筑物工程性态 $F_{112}(0.4)$	泄流能力 $u_4(0.75)$
			结构稳定性 $u_5(0.25)$
	输水建筑物工程性态 $F_{12}(0.2)$	明渠/隧洞工程性态 $F_{121}(0.5)$	渗漏状况 $u_6(0.333)$
			淤塞程度 $u_7(0.333)$
			结构稳定性 $u_8(0.333)$
		压力管道工程性态 $F_{122}(0.5)$	渗漏状况 $u_9(0.5)$
			结构稳定性 $u_{10}(0.5)$
	发电建筑物工程性态 $F_{13}(0.2)$	厂房工程状态 $F_{131}(1)$	防洪能力 $u_{11}(0.333)$
			地质灾害 $u_{12}(0.333)$
			结构稳定性 $u_{13}(0.333)$

表 4.9　河床式小水电运行状态综合评价各级指标权重表

评价目标	一级指标权重	二级指标权重	三级指标权重
小水电水工建筑物运行状态	挡（泄）水建筑物工程性态 $F_{11}(0.75)$	挡水建筑物工程性态 $F_{111}(0.6)$	防洪能力 $u_1(0.6)$
			结构安全性 $u_2(0.2)$
			渗流态势 $u_3(0.2)$
		泄水建筑物工程性态 $F_{112}(0.4)$	泄流能力 $u_4(0.75)$
			结构稳定性 $u_5(0.25)$
	发电建筑物工程性态 $F_{13}(0.25)$	厂房工程状态 $F_{131}(1)$	防洪能力 $u_{11}(0.333)$
			地质灾害 $u_{12}(0.333)$
			结构稳定性 $u_{13}(0.333)$

　　有些小水电挡水建筑物并不具有防洪功能或防洪功能可以忽略，对于这类小水电，影响其挡水建筑物工程性态的指标只有结构安全性与渗流态势，权重需重新进行分配。认为两者对工程性态影响相同，权重均取 0.5。无防洪功能小水电各指标权重如表 4.10 所示。

表 4.10　无防洪功能小水电运行状态综合评价各级指标权重表

评价目标	一级指标权重	二级指标权重	三级指标权重
小水电水工建筑物运行状态	挡(泄)水建筑物工程性态 $F_{11}(0.6)$	挡水建筑物工程性态 $F_{111}(0.6)$	结构安全性 $u_2(0.5)$
			渗流态势 $u_3(0.5)$
		泄水建筑物工程性态 $F_{112}(0.4)$	泄流能力 $u_4(0.75)$
			结构稳定性 $u_5(0.25)$
	输水建筑物工程性态 $F_{12}(0.2)$	明渠/隧洞工程性态 $F_{121}(0.5)$	渗漏状况 $u_6(0.333)$
			淤塞程度 $u_7(0.333)$
			结构稳定性 $u_8(0.333)$
		压力管道工程性态 $F_{122}(0.5)$	渗漏状况 $u_9(0.5)$
			结构稳定性 $u_{10}(0.5)$
	发电建筑物工程性态 $F_{13}(0.2)$	厂房工程状态 $F_{131}(1)$	防洪能力 $u_{11}(0.333)$
			地质灾害 $u_{12}(0.333)$
			结构稳定性 $u_{13}(0.333)$

13 个底层指标相对于评价目标的权重 ω_i 用式(4-12)计算:

$$\omega_i = W_{1i} W_{2i} W_{3i} \tag{4-12}$$

W_{1i}、W_{2i}、W_{3i} 分别为一级指标权重、二级指标权重、三级指标权重。

3 种情形下对应的权重向量 $\boldsymbol{\omega}$ 如下所示。

①一般情形:$\boldsymbol{\omega} = (0.216, 0.072, 0.072, 0.18, 0.06, 0.033, 0.033, 0.033, 0.05, 0.05, 0.067, 0.067, 0.067)$。

②河床式小水电:$\boldsymbol{\omega} = (0.27, 0.09, 0.09, 0.225, 0.075, 0.083, 0.083, 0.083)$。

③无防洪功能小水电:$\boldsymbol{\omega} = (0.18, 0.18, 0.18, 0.06, 0.033, 0.033, 0.033, 0.05, 0.05, 0.067, 0.067, 0.067)$。

4.3.4　失事概率

小水电失事概率与其运行状态反相关,利用线性加权综合评价模型计算得到的综合评价值 C 越大,表明运行状态越好,工程失事概率相应也越小。利用式(4-13)能近似地将运行状态综合评价值转换为失事概率 P_f。

$$P_f = \frac{C_{\max} - C}{C_{\max}} = 1 - \frac{C}{20} \tag{4-13}$$

由式(4-13)得到的 P_f 是一个介于 0 和 1 之间的数,正好满足概率的数字特征,而且 C 与 P_f 满足反相关关系。根据表 4.4 划分的运行状态等级,可对应划分出小水电的失事概率等级(表 4.11)。P_f 值越大,失事概率等级越高。

表 4.11　小水电失事概率等级

P_f	0～0.25	0.26～0.5	0.51～0.75	0.76～1
失事概率等级	A	B	C	D

式(4-13)计算得到的失事概率 P_f 均较大,与实际情况可能有一些偏差,但本研究的失事概率并无绝对意义,只是相对的概念,用来度量相对失事可能性。

4.4　失事后果计算

4.4.1　失事后果分析

小水电水工建筑物系统主要由挡水建筑物、泄水建筑物、引水建筑物以及厂房等部分组成[71],彼此之间相互联系、相互影响,任一组成部分失事不仅会造成因停止发电而带来的经济损失,有时甚至还会危及人民群众的生命安全,对社会稳定产生不利影响。中华人民共和国成立以来,除作为主要挡水建筑物的水库大坝溃决的事件外,其他类水工建筑物失事的案例也有发生,表 4.12 列举了近些年小水电水工建筑物失事的主要案例[72-75]。由于专门记载大坝失事案例的相关研究较多[76-79],在此不再对挡(泄)水建筑物失事案例进行列举。

表 4.12　小水电失事案例

水工建筑	失事案例
引水隧洞	2004 年 11 月 2 日,甘肃甘南州卓尼县俄吾多水电站引水隧道发生顶板塌方,造成 4 人死亡、1 人轻伤 2006 年 5 月 30 日,四川阿坝州理县古城水电站引水隧洞发生坍塌事故,造成 3 人死亡、3 人受伤
压力前池	2006 年 8 月 21 日,四川省屏山县中都镇安全乡双龙水电站(2×400 kW)在蓄水试车过程中,压力前池挡墙突然垮塌,1 000 余 m³ 的积水瞬间溃出,冲毁下方施工用房,造成 8 人死亡、6 人受伤
渠道	2007 年 12 月 13 日,云南省临沧市临翔区遮奈水电站(3×3 200 kW)试通水过程中,前池引水明渠外边墙突然垮塌,导致约 1.4 万 m³ 的水突然顺山下泄,形成泥石流,造成 5 人死亡、2 人受伤

水工建筑	失事案例
厂房	2008 年 6 月 19 日,广西防城港市防城区那良镇那旺水电站厂房因大雨山体滑坡引发崩塌,造成厂房内 3 名值班人员死亡 2017 年 7 月 2 日,受强降雨影响,广西昭平县临江一级电站厂房和生活区被洪水淹没垮塌,造成在厂房内值班的 3 名工作人员失联 2022 年 8 月 3 日,四川省广安市凉滩电站 3 号机组恢复专用冲砂通道项目施工作业时发生一起较大中毒和触电事故,造成 3 人死亡,4 人受伤,直接经济损失 408.1 万元

　　小水电失事后果分析是风险估计的重要部分,也是风险分析必不可少的步骤。小水电失事后果主要包括生命损失、经济损失、生态环境影响。

　　同时,对于少数有较大规模配套水库的小水电,其挡水建筑物失事后还会在下游形成溃坝洪水,造成更加严重的后果。关于水库溃坝洪灾损失的研究,这方面的成果较多,但计算起来非常困难,很难达到快速评估的目的。本章旨在提出一种快速有效的小水电失事后果计算方法,因此下文提出的生命损失与经济损失计算方法只适合于大多数的小水电,即工程失事不会在下游形成溃坝洪水的小水电。

4.4.2　生命损失

　　小水电在运行期间,发生事故而导致人员伤亡的情形主要有:①压力前池垮塌,积蓄的水体下泄冲毁厂房;②压力管道爆裂,高速水流冲毁厂房;③厂房周边山体滑坡致使厂房坍塌;④洪水冲毁整个小水电枢纽。总结小水电事故的情形,可以发现一个共同点,即小水电事故发生地大部分为厂房及其附近区域,因此,小水电失事对厂房内工作人员的生命威胁最大。

4.4.2.1　生命损失的影响因素

　　(1)风险人口。小水电风险人口指小水电失事的潜在受危害人群数量。风险人口越多,生命损失越大,两者之间成正相关关系。

　　(2)安全防范意识。风险人口的安全防范意识也会对生命损失产生较大影响。面对突如其来的事故,安全防范意识高的人群,往往能及时采取有效的自救措施,使自己逃离险境,将生命损失减少到最低程度。安全防范意识与自身对危险的认识程度和上级管理部门对安全政策口号的宣传与贯彻有关。

　　(3)值守情况。目前很多小水电由于资金受限,无力为电站职工修建宿舍。职工日常除上班之外,生活起居也全在厂房之内。员工留守厂房的时间越长,小水电失事后其伤亡可能性也就越大。而部分资金比较雄厚的小水电,通过引入"无人值守"技术,极大地减少了发生人员伤亡事件的可能性。

(4)其他。制定健全的安全管理制度并严格执行,配备完善的报警系统以及加强安全保护措施都能有效减少生命损失。配备完善的报警系统,在事故发生前,报警系统能预先发出警报,引导风险人口及时撤离,确保人员的安全。制定健全的安全管理制度并严格执行,则能在一定程度上减少人为因素导致的事故。厂房内加强安全保护措施,在险情来临时,工作人员能利用安全保护措施确保自己的人身安全,有效减少人员伤亡。

4.4.2.2　生命损失的计算公式

生命损失率为死亡人数与风险人口之比。通常认为生命损失与风险人口近似成正比的关系,提出如下生命损失计算模型。

$$LOL = \alpha \times P \qquad (4-14)$$

式中:LOL——生命损失,人;

α——生命损失率;

P——风险人口,人。

若计算得到的生命损失为小数,统一采用"进1"处理。

其中,风险人口为潜在受影响区域人口数量,通过粗略统计确定;生命损失率受众多因素的影响,按表4.13取值。

表4.13　小水电生命损失率取值表

α 值	定性描述
0.2	职工安全防范意识好;引入"无人值守"技术的厂房;制定了健全的安全管理制度并严格执行;有完善的报警系统;厂房内加强了安全保护措施
0.5	职工安全防范意识一般;厂房不兼作职工日常生活场所;制定的安全管理制度不够健全,或制定了完善的安全管理制度但并未严格执行;报警系统有待进一步完善;厂房内安全保护措施有待加强
0.8	职工安全防范意识差;厂房兼作职工日常生活场所;未制定健全的安全管理制度或制度制定但未执行;无任何报警系统;厂房内无任何安全保护措施

目前,由于小水电生命损失统计资料的匮乏,生命损失率按0.2、0.5、0.8递阶取值,用来反映各影响因素对生命损失率的影响。虽然计算得到的生命损失只是粗略的估计,但若采用式(4-14)估算同一批小水电的生命损失,计算得到的生命损失彼此之间具有可比性。同样,利用生命损失计算出的风险值也有相互比较排序的价值。

4.4.3 经济损失

小水电失事将会不可避免地造成不同程度的经济损失。经济损失主要从以下 3 个方面进行统计计算。

(1) 小水电停止发电造成的损失。小水电日均发电量越大,停机时间越长,损失也将越大。这部分的损失按式(4-15)计算。

$$S_1 = \frac{rd \times ts \times dj}{10\ 000} \tag{4-15}$$

式中:S_1——小水电停止发电造成的损失,万元;

rd——小水电日均发电量,度;

ts——小水电停机天数,d;

dj——小水电当前上网电价,元/度。

(2) 小水电损毁工程修复费用。该项指事故中受到损坏的工程经维修恢复到正常状态所需的费用,用 S_2(万元)来表示。

(3) 相关工厂、企业断电损失。对于那些全部或大部依赖小水电进行供电的工厂、企业,小水电一旦出现故障而停止供电,这些工厂、企业的正常生产将会受到严重影响,并带来相应的经济损失。其损失采用式(4-16)进行计算。

$$S_3 = \sum_{i=1}^{n} t_i sg_i \tag{4-16}$$

式中:S_3——与小水电相关工厂、企业断电损失,万元;

t_i——第 i 个工厂或企业断电时间,d;

sg_i——第 i 个工厂或企业的日平均产值,万元/d;

n——受影响工厂企业数,家。

这样,小水电失事总经济损失 S(千万元)为

$$S = (S_1 + S_2 + S_3)/1\ 000 \tag{4-17}$$

4.5 失事后果严重程度评价模型

严重程度[58],顾名思义,是相对于一个参照系而言的。事实上,孤立考虑某一座小水电失事后果的危害性,其结论过于抽象。小水电失事后果严重程度应比照固定的参考系得出,同时这个参考系必须是同类项中最具普遍意义的。从这

一角度出发,可通过引入参考模型来建立失事后果严重程度评价模型,参考模型为一典型小水电,且该小水电失事后果在大众可接受范围之内,为一般事故后果。

4.5.1 模型参数

小水电水工建筑物失事最直接的后果是导致电站停止发电,当地供电中断,这些损失可以通过电站装机容量的大小来度量,装机容量越大,失事带来的直接经济损失和间接经济损失越大。

任何时候,生命损失都不应忽视,因此,生命损失应计入其中。暂不考虑小水电失事对生态环境的影响。

由此可以得出结论,小水电失事后果严重程度可由生命损失、装机容量2个参数来度量。同时,2个参数均与失事后果严重程度成正比,生命损失越大,装机容量越大,失事后果越严重。

失事后果评价模型用数学函数形式表达如下:

$$H = f(P_1, P_2) \tag{4-18}$$

式中:H、P_1、P_2 分别表示失事后果严重程度、生命损失、装机容量。

4.5.2 模型建立

设引入的参考模型为 S,其相应的2个参数分别为 S_1、S_2,则式(4-18)可以改写成如下的形式:

$$H = \frac{P_1}{S_1} + \frac{P_2}{S_2} \tag{4-19}$$

式中:S_1、S_2 分别表示参考模型的生命损失、装机容量。

式(4-19)仍有不足之处,即在考虑各模型参数对失事后果的影响时,将2个参数对失事后果的影响程度同等看待。事实上,各参数对失事后果的影响各不相同,这样就涉及权重分配的问题。将模型做进一步改进则可得到如下形式:

$$H = w_1 \times \frac{P_1}{S_1} + w_2 \times \frac{P_2}{S_2} \tag{4-20}$$

式中:w_1、w_2 分别表示生命损失、装机容量对失事后果的影响因子。

计算小水电失事后果严重程度(H),影响因子(w_i)的确定与参考模型(S)的选择是关键。

4.5.3 影响因子确定

影响因子的确定同样采用层次分析法。

生命损失与装机容量重要程度的比较过程,即生命损失与经济损失的比较过程。当今社会"以人为本",生命损失应比经济类损失明显重要,将两者的关系定为 5 与 1,生命损失与经济损失权重分别为 0.833 与 0.167,即 $w_1 = 0.833$, $w_2 = 0.167$。

4.5.4 参考模型选择

一般来说,电站装机容量越小,失事后造成的损失也越少,失事后果也越容易被人们所接受。本书参照水利水电枢纽工程分等标准[59],选取最小工程等别[即小(2)型水利工程]的界限值作为参考模型的装机容量 S_2,即 $S_2 = 0.05$ 万 kW。

2007 年,国务院颁布的《生产安全事故报告和调查处理条例》(以下简称《条例》)第三条规定:造成 3 人以下死亡的事故为一般事故;造成 3 人以上 10 人以下死亡的事故为较大事故;造成 10 人以上 30 人以下死亡的事故为重大事故;造成 30 人以上死亡的事故为特别重大事故。参考模型的生命损失 S_1 参照《条例》第三条对一般事故的定义来确定。由于《条例》第三条对事故等级的划分主要针对矿难、垮坝等生产事故,而小水电工程规模相对小,失事生命损失相对较小,因此,仅以《条例》中一般事故死亡人数的一半并"进 1"作为参考模型的生命损失,即 $S_1 = 2$ 人。

将 w_i 值与 S_i 值代入式(4-20)得到最终的小水电失事后果严重程度评价模型,如式(4-21)所示:

$$H = 0.417P_1 + 3.34P_2 \tag{4-21}$$

至此,评价模型建立完毕,利用 H 值的大小可以评价失事后果的严重程度,H 值越大,失事后果越严重。

4.6 失事后果分级

通过模型计算值 H 可以进一步划分失事后果严重程度等级。划分等级之前,必须先建立失事后果等级与各参数值域之间的对应关系。装机容量参考水利水电枢纽工程分等标准来划分,生命损失则参照《生产安全事故报告和调查处理条例》第三条进行划分。

将各等级对应的参数临界值代入式(4-21)计算。当 $P_1=2$，$P_2=0.05$ 时，$H=1$；当 $P_1=5$，$P_2=0.5$ 时，$H=3.76$；当 $P_1=10$，$P_2=2.5$ 时，$H=12.52$。对应得到的 H 值即为不同失事后果严重程度等级之间的临界值。失事后果严重程度被划分为 1、2、3、4 这 4 个等级，分别表示失事后果一般、较严重、严重与极其严重。具体的失事后果等级划分与各评价指标值域对照关系如表 4.14 所示。

表 4.14　失事后果严重程度等级划分与评价指标值域对照表

指标项	后果等级			
	1	2	3	4
生命损失(人)	$0 \leqslant P_1 \leqslant 2$	$2 < P_1 \leqslant 5$	$5 < P_1 \leqslant 10$	$P_1 > 10$
装机容量(万 kW)	$0 < P_2 \leqslant 0.05$	$0.05 < P_2 \leqslant 0.5$	$0.5 < P_2 \leqslant 2.5$	$2.5 < P_2 \leqslant 5$
H	$0 \leqslant H \leqslant 1$	$1 < H \leqslant 3.76$	$3.76 < H \leqslant 12.52$	$H > 12.52$
定性描述	一般	较严重	严重	极其严重

4.7　小水电大坝溃决生态环境影响

虽然大部分小水电属于径流式电站，没有在上游形成蓄水水库，但仍然有不少蓄水式小水电的存在，少数蓄水水库级别甚至达到了大(2)型水库的库容标准，如福建武夷山电站(装机容量 1.3 万 kW，库容 1.13 亿 m³)与贵州观音岩电站(装机容量 1.23 万 kW，库容 1.23 亿 m³)。蓄水库容较大的小水电大坝一旦溃决，将会给下游带来极大的损失，本节以配套水库规模较大的小水电为研究对象，重点研究小水电大坝溃决对生态环境的影响。

目前，国内外针对水库大坝溃决下游生命损失及经济损失评估的研究成果较多，但在生态环境影响方面的研究成果[80-81]较少，针对小水电大坝溃决对生态环境影响方面的研究更是一个空白。本书在综合考虑大坝溃决对下游生态环境影响的重要因子的基础上，结合小水电工程特点，建立了小水电大坝溃决生态环境影响评价模型。

4.7.1　溃坝洪水对生态环境的影响

溃坝是一种小概率、高危害事件。大坝的兴建拦截了上游巨大的水体，人为地造成了上下游的水位差，使上游水体积蓄了巨大的能量。大坝一旦因为某种原因溃决失事，水库积蓄的巨大能量就会突然得到释放，形成溃坝洪水，洪水携带着泥沙涌向下游,所过之处都会遭受不同程度的毁坏。

溃坝洪水不仅会造成人员伤亡和经济上的损失,对生态环境也会带来毁灭性的灾难[62]。洪水携带着大量的泥沙一泻而下,下游河道将会受到巨大的冲刷和淤积,甚至彻底改变河道走向;沿岸生物栖息地也遭到破坏,生物数量骤减;洪水夹杂的大量垃圾和动物尸体会使水质变差,如果沿岸带有污染源的工厂被摧毁,水环境将会彻底恶化;影响区的人文景观也会被冲毁,难以修复;洪水携带的大量泥沙也使下游河道堵塞、下游土质发生改变,导致良田变成滩涂和盐碱地。

4.7.2　生态环境影响因子

大坝溃决对生态环境的影响程度由上游水体积蓄的能量和下游生态环境暴露情况共同决定。上游水体积蓄的能量越大,失事后对下游造成的威胁越大;下游暴露于溃坝洪水中的环境越脆弱,洪水来临时遭受的影响越严重。

上游水体积蓄的能量大小可以用大坝的两个重要参数——库容和坝高来近似表示,又由于不同季节(汛期与枯水期)大坝水位不一样,因此上游水体积蓄能量与季节也存在一定的关系。

溃坝洪水来临时,下游影响区内与生态环境相关的要素[82-83]有:(1)生物种类,包括各种鱼类、哺乳类、两栖类、植物等;(2)造成重大环境破坏或污染的工厂与设施,包括河道设施、化学储备设施、药物化肥制造厂、污水处理厂、垃圾中转站、核电站与核储库等;(3)人文景观,包括文物古迹、红色革命根据地、地区和民族风情,以及现代经济、技术、文化、艺术、科学活动场所。

综上所述,可选取库容、坝高、季节、生物种类、污染工厂、人文景观 6 个因子来衡量溃坝对生态环境的影响程度。称与上游水体积蓄能量大小相关的 3 个因子(库容、坝高、季节)为危险性因子,代表下游影响区生态环境状况的 3 个因子(生物种类、污染工厂、人文景观)为暴露性因子。生态环境影响指数与危险性因子和暴露性因子相关,其关系如图 4.3 所示。

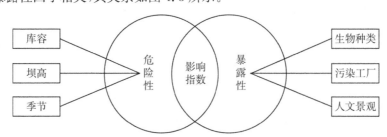

图 4.3　生态环境影响关系示意图

4.7.3　生态环境影响评价模型

通过建立数学模型的方法可以对生态环境的影响程度进行量化,为了表述方便,令生态环境影响指数(后文简称"影响指数")为小水电大坝溃决对生态环境影响程度的量化指标。

影响指数(I)是与危险性(R)和暴露性(E)相关的函数,且潜在危险性越大,环境暴露情况越严重,影响指数也越大。影响指数为危险性与暴露性的乘积,用公式表示如下:

$$I = R \times E \tag{4-22}$$

4.7.3.1　危险性计算

由于危险性和库容、坝高、季节三者存在一定的关系,因此,可以用库容、坝高、季节修正系数对危险性进行度量,且危险性和库容、坝高成正比关系。库容一定时,大坝越高,危险性越大;同理,坝高一定时,库容越大,危险性也越大。季节修正系数作为一个可变量来对危险性进行修正,取值范围为 0.8～1.2,其中 0.8 对应历史最低水位季节,1.2 对应汛期最高水位季节,其他季节根据实际情况进行取值。表达式如式(4-23)所示。

$$R = S \times H \times \alpha \tag{4-23}$$

式中:R——危险性指数;

S——库容,万 m^3;

H——坝高,m;

α——季节修正系数,取值范围为 0.8～1.2。

4.7.3.2　暴露性计算

生物种类(a)、污染工厂(b)、人文景观(c)对下游环境暴露情况的影响程度不相上下,即权重相同。生物种类越稀有,污染工厂污染源越严重,人文景观越有价值,暴露程度也就越高。由于各暴露性因子并不是量化指标,代入模型计算之前必须先进行指标的量化,具体量化参照表 4.15 进行。

通常认为危险性与暴露性对生态环境造成的影响程度相同,R 与 E 应同属一个数量级。该类小水电最大库容一般不超过 1×10^4 万 m^3,最大坝高一般不超过 50 m,季节修正系数取最大值 1.2,利用式(4-23)计算的 R 值最大为 6×10^5。由于 a、b、c 的量化值均为 0～1,因此,需要构造一个等式,使之满足:(1)各暴

露性因子 a、b、c 的权重相同，E 随 a、b、c 递增；(2)E 的最大值也为 $6×10^5$。构造的暴露性计算公式如式(4-24)所示。

$$E = 2/3 × 10^{2(a+b+c)} \qquad (4-24)$$

表 4.15　暴露性因子量化表

量化刻度	生物种类(a)	污染工厂(b)	人文景观(c)
0.2	普通物种	一般性工厂	价值较小景观
0.4	国家三级保护物种	小型化工厂、农药厂	市级人文景观
0.6	国家二级保护物种	中型化工厂、农药厂	省级人文景观
0.8	国家一级保护物种	大型化工厂、农药厂	国家级人文景观
1	世界级珍稀物种	剧毒化工厂、核电站、核储库	世界级人文景观

若将式(4-23)、式(4-24)代入式(4-22)计算影响指数,计算结果数量级一般比较大,不便于问题的分析与影响程度的等级划分,可作对数化处理,即可得最终的影响指数计算模型,如式(4-25)所示。

$$I = \lg\left(\frac{2}{3} × S × H × \alpha\right) + 2 × (a+b+c) \qquad (4-25)$$

4.7.3.3　影响程度分级

根据式(4-25)计算的影响指数值可对影响程度进行等级划分,依次分为"一般""较严重""严重""极其严重"4 个级别。在计算影响指数等级界限值之前,必须先将各控制因子对应划分成 4 等。库容参考水利水电枢纽工程分等标准划分,坝高、暴露性近似按等差划分,由于溃坝很大一部分由洪水漫顶所致,季节修正系数 4 个等级均按最不利情况取 1.2。将各控制因子等级界限值代入式(4-25)计算,得到各个等级对应的影响指数范围。各等级区间差正好相等,一定程度上反映了该计算模型与分级方法的正确性与科学性。等级的具体划分如表 4.16 所示。

表 4.16　小水电溃坝生态环境影响程度分级

控制因子	程度等级			
	一般	较严重	严重	极其严重
库容(万 m³)	(0,10]	(10,100]	(100,1 000]	(1 000,+)
坝高(m)	(0,10]	(10,20]	(20,35]	(35,+)

控制因子	程度等级			
	一般	较严重	严重	极其严重
季节修正系数 α	1.2	1.2	1.2	1.2
暴露性:$a+b+c$	(0,0.7]	(0.7,1.4]	(1.4,2.2]	(2.2,3]
影响指数	(0,3]	(3,6]	(6,9]	(9,+]

注:表中区间内"+"表示大于区间上限,但不是无穷大。

4.7.4　应用示例

长龙小水电位于江西省赣州市兴国县高兴镇长迳村,坐落于赣江水系平江支流茶园水上,集雨面积 116 km²,总库容 1 685 万 m³,装机容量 1 000 kW。1958 年动工兴建,1960 年基本建成,经 1986—1989 年加固处理达到现状规模。枢纽工程主要建筑物包括大坝、溢洪道、灌溉及发电引水隧洞等。大坝为土石混合坝,坝顶高程 215.78～216.30 m,防浪墙顶高程 216.94 m,坝顶宽 5.0 m、长 170.0 m,最大坝高 42.96 m。

该水库地理位置重要,下游防洪保护 20 万人口、5.5 万亩耕地以及兴国县城(下游 17 km)、京九铁路(下游 300 m)、319 国道(下游 500 m)、爱国主义教育基地"将军园"、曾三讲习所等重要城镇和基础设施的安全,一旦失事,直接经济损失超过 35 亿元。有野猪、穿山甲、猴面鹰、山鸡活跃于下游山林中,主要工厂有兴国卷烟厂、兴国水泥厂、洪门工业园。

通过电站基本概况可以得到一系列参数值,库容(S)1 685 万 m³,坝高(H)42.96 m,季节修正系数(α)在此取平均水平 1.0;野猪、穿山甲、猴面鹰、山鸡均为国家二级保护动物,a 取 0.6;兴国卷烟厂、兴国水泥厂、洪门工业园划为一般性工厂范畴,b 取 0.2;爱国主义教育基地"将军园"属国家级人文景观,c 取 0.8。将这些数据代入式(4-25)进行计算可得溃坝生态环境影响指数(I)为 7.9,属于"严重"的级别。应该引起相关部门的足够重视,并积极采取必要的措施减少溃坝风险。

上述案例证明利用本书提出的模型来计算小水电大坝溃决生态环境影响程度,各计算参数的获取比较容易实现,计算过程也比较简单,可以在实际工程中得到很好的应用。

5 小水电水工建筑物风险评估与决策

5.1 风险估计

风险高低通常采用失事概率与失事后果的乘积度量,且失事概率与失事后果对风险的影响程度相同。在采用定量化方法估计风险的过程中,失事概率与失事后果必须处于同一数量级,这样才能得到比较合理的风险水平。利用第四章失事后果严重程度评价模型计算的失事后果(H)为无上限的正数,与失事概率明显不在同一数量级,且 H 值无上界,归一化很难实现。因此,采用定量化方法来估计小水电风险并不现实。

风险矩阵法[85]是一种常用的风险估计与分级方法,利用它能很好地度量风险水平的高低。该方法将小水电失事概率等级与失事后果严重程度等级按不同组合置于同一矩阵中,形成小水电风险矩阵,矩阵中的各元素反映出相应的风险水平。对风险矩阵进行区域划分可以得到不同的风险等级。小水电风险矩阵建立步骤如下。

1. 小水电失事概率等级划分(见表 5.1)

表 5.1 小水电失事概率等级

失事概率等级	等级定量描述(P_f)	等级定性描述
A	0~0.25	运行状态很好,失事可能性小
B	0.26~0.5	运行状态一般,失事可能性不大
C	0.51~0.75	运行状态差,失事可能性大
D	0.76~1.0	运行状态很差,非常可能失事

2. 小水电失事后果严重程度等级划分(见表 5.2)

表 5.2 小水电失事后果严重程度等级

失事后果等级	等级定量描述(H)	等级定性描述
1	0~1	0~2 人死亡,或装机容量小于 0.05 万 kW 的小水电停机发电带来相应的经济损失
2	1.01~3.76	3~5 人死亡,或装机容量介于 0.05 万~0.5 万 kW 的小水电停机发电带来相应的经济损失
3	3.77~12.52	6~10 人死亡,或装机容量介于 0.5 万~2.5 万 kW 的小水电停机发电带来相应的经济损失
4	大于 12.52	大于 10 人死亡,或装机容量介于 2.5 万~5 万 kW 的小水电停机发电带来相应的经济损失

3. 小水电风险矩阵构建

将小水电失事概率与失事后果严重程度置于矩阵中,得到小水电风险矩阵,如表 5.3 所示。

表 5.3 小水电风险矩阵

失事概率	失事后果			
	1	2	3	4
A	1A	2A	3A	4A
B	1B	2B	3B	4B
C	1C	2C	3C	4C
D	1D	2D	3D	4D

注:表中"2B"表示失事概率为 B 级,失事后果严重程度为 2 级的小水电的风险水平。

5.2 风险分级

综合考虑小水电的失事概率与失事后果,将风险分成低风险、中风险、高风险和极高风险 4 个级别。4 个级别的风险在矩阵表中对应的区域如下:

低风险=$\{1A,1B,2A\}$;

中风险=$\{3A,4A,2B,1C,1D\}$;

高风险=$\{3B,4B,2C,2D\}$;

极高风险=$\{3C,4C,3D,4D\}$。

5.3 风险标准

风险是客观存在的,只是存在高低的差异。公众普遍能接受(或容忍)的风险水平即风险标准。风险标准为风险评价以及制定减小风险的措施提供了参考依据。"ALARP 原则"常被用来指导风险标准的制定。

ALARP 原则[86]的含义是应满足使风险水平"尽可能低"这样一个要求,而且是介于可接受风险和不可接受风险之间的、可实现控制的风险范围内,来尽可能降低风险水平。ALARP 原则可用图 5.1 表示。

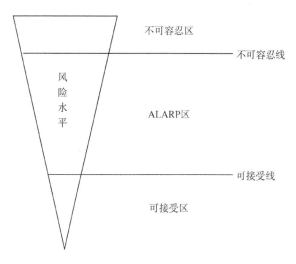

图 5.1 ALARP 原则示意图

依据 ALARP 原则能将风险分成 3 个区域。

（1）不可容忍风险区。风险在不可容忍线之上，该风险任何时候都不能被接受，必须强制进行风险管理。

（2）可接受风险区。风险在可接受线之下，该风险可以被接受，无须采取任何安全改进措施。

（3）ALARP 区。风险处于可接受线和不可容忍线之间，一般需采取进一步措施控制风险。只有当证明进一步降低风险的成本与所得的收益极不相称时，风险才是可以容忍的。

确定 ALARP 区的上限与下限是制定风险接受准则的关键，上限是不可容忍线，下限是可接受线。

风险矩阵表中，1A、1B、2A 对应风险水平的失事概率、失事后果均不同时超过 B 级和 2 级，这样的风险公众普遍能够接受，将它们划分到可忽略风险区内。3C、4C、3D、4D 对应风险水平的失事概率、失事后果均不小于 C 级和 3 级，失事概率与失事后果均很严重，公众心理上普遍不能容忍，将它们划分到不可容忍风险区内。

5.4 小水电风险评估实例

5.4.1 工程概况

1. 左湖二级电站[87]

左湖二级电站坐落于江西省新干县城上乡左湖村，所在河流为赣江水系沂江河,1987 年 6 月投产使用,引水式电站,总装机 800 kW。主要水工建筑物有大坝、溢洪道、引水渠道、压力前池、压力管道、升压站、厂房。

配套水库为灌庄水库,集雨面积 15.3 km²,总库容 229 万 m³。挡水建筑物为土石坝,最大坝高 36.5 m,坝顶长 156 m。引水渠道全长约 6 km,设计流量 0.7 m³/s,实际流量 0.6 m³/s。电站设计水头 78 m,实际水头 78 m。

2. 窑里水库一级电站[68]

窑里水库一级电站位于新干县城上乡何陂村,所在河流为赣江水系沂江河。1972 年 5 月投产使用,共 2 台机组,分别为 400 kW 与 500 kW,布置型式为坝后式。主要水工建筑物有大坝、溢洪道、隧洞、压力管道、升压站、厂房。

配套水库为窑里水库,集雨面积 74.2 km²,总库容 3 773 万 m³。挡水建筑物为土石坝,最大坝高 36 m,坝顶长 495 m。引水长度为 800 m,设计流量 6 m³/s,实际流量 6 m³/s。电站设计水头 12 m,实际水头 12 m。

5.4.2 安全与管理现状

1. 左湖二级电站

(1) 挡、泄水建筑物:配套水库除险加固完毕,目前挡、泄水建筑物工程性态良好。

(2) 输水建筑物:渠道险段较多,漏水严重,多处发生过滑坡。衬砌大部分已脱落或已起不到防渗作用,只针对性地对某些漏水严重的渠段重新进行了衬砌,泥沙淤积异常。渠道上方山体岩石裸露,风化碎石坠落于渠道中,影响渠道过流能力,甚至会造成堵塞;压力前池严重老化,池身裂缝多、漏水量大,池内淤积泥沙亟须清理;压力管道于 2007 年进行了更新,无漏水现象,结构保持稳定。

(3) 厂房:建于 1986 年,设施简陋,但整体结构完好,墙面只有部分地方出现轻微剥落,未见影响结构安全的裂缝;厂房后山体边坡进行了抗滑处理。

(4) 管理水平:电站的管理人员均为当地农民,没有经过正式培训,专业知识比较薄弱;有日常运行、巡查、操作与设备缺陷记录,且资料保存完好。

2. 窑里水库一级电站[88]

(1) 挡水建筑物:现状坝顶高程仅能满足 100 年一遇洪水标准,水库抗洪能力不足;上游护坡块石风化破碎,局部沉陷;右坝端存在严重横向裂缝,下游近岸坝坡变形明显;坝体与涵管间存在接触渗漏,坝后渗漏量呈逐年增大趋势,2009 年汛期遭遇 30 年一遇洪水时,下游坝脚出现冒"浑水"现象,两坝肩岩体风化破碎,存在绕坝渗漏问题。

(2) 泄水建筑物:溢洪道堰体砌筑质量差,泄槽宽度和边墙高度不足,两岸岩体存在局部坍滑可能;下游泄洪区过流能力不足。

（3）输水建筑物:发电引水隧洞衬砌混凝土质量差,裂缝多;灌溉及发电涵管质量差,老化剥蚀,多处裂缝,渗漏严重。

（4）厂房:1972 年修建,至今已有近 40 年历史。墙壁开裂处较多,无发生地质灾害的可能。

（5）管理水平:电站管理人员业务素质不高,没有经过系统的上岗培训。设施简陋,缺乏必要的监测设施与报警系统。

上述信息来源于 2010 年的调研结果,不代表现状情况,仅用于示范本书提出的小水电风险评估方法的使用操作。

5.4.3 风险评估

1. 失事概率计算与分级

现有 6 人组成的小水电风险评价专家小组,在了解了 2 座小水电的运行情况之后,各专家按表 4.2 中指标赋分标准分别独立地给 13 个风险指标赋分,6 位专家分别用 S_1、S_2、S_3、S_4、S_5、S_6 表示,2 座小水电的风险指标赋分结果见表 5.4 与表 5.5。

表 5.4　左湖二级电站专家赋分表

专家	指标												
	u_1	u_2	u_3	u_4	u_5	u_6	u_7	u_8	u_9	u_{10}	u_{11}	u_{12}	u_{13}
S_1	16	17	17	13	17	2	2	3	19	18	12	14	12
S_2	17	17	18	14	16	2	3	4	18	17	11	13	14
S_3	17	16	17	15	16	4	3	3	17	18	12	13	13
S_4	18	18	16	14	17	4	1	4	16	18	12	14	14
S_5	19	18	16	13	17	5	2	5	16	17	13	12	13
S_6	17	19	19	13	18	1	3	4	17	19	13	15	12

表 5.5　窑里水库一级电站专家赋分表

专家	指标												
	u_1	u_2	u_3	u_4	u_5	u_6	u_7	u_8	u_9	u_{10}	u_{11}	u_{12}	u_{13}
S_1	0	2	2	6	7	3	8	6	17	18	3	18	7
S_2	1	3	3	7	7	4	7	9	17	18	4	17	7

续表

专家	指标												
	u_1	u_2	u_3	u_4	u_5	u_6	u_7	u_8	u_9	u_{10}	u_{11}	u_{12}	u_{13}
S_3	1	3	3	8	8	4	8	6	18	17	3	17	6
S_4	0	2	4	6	8	3	9	7	18	16	3	16	6
S_5	1	3	2	7	7	3	9	7	19	19	2	16	7
S_6	2	4	1	6	7	2	7	6	17	18	3	17	8

基于专家评价模型的原理,编制相应的程序来减少计算工作量,专家赋分值处理后的结果如表 5.6、表 5.7 所示。

表 5.6 左湖二级电站赋分处理结果

S_i	H_i	c_i	准确度排序
S_1	0.805	0.188	①
S_2	0.833	0.181	③
S_3	0.821	0.184	②
S_4	0.871	0.173	④
S_5	1.096	0.138	⑤
S_6	1.120	0.135	⑥

表 5.7 窑里水库一级电站赋分处理结果

S_i	H_i	c_i	准确度排序
S_1	1.001	0.183	③
S_2	1.115	0.164	④
S_3	0.902	0.203	②
S_4	1.361	0.135	⑤
S_5	0.900	0.204	①
S_6	1.656	0.111	⑥

将 c_i 代入式(4-4)计算综合 6 位专家意见后的各指标计算值,如表 5.8 所示。

表 5.8　计入专家权重的指标值

站名	指标												
	$\overline{u}_1$	$\overline{u}_2$	$\overline{u}_3$	$\overline{u}_4$	$\overline{u}_5$	$\overline{u}_6$	$\overline{u}_7$	$\overline{u}_8$	$\overline{u}_9$	$\overline{u}_{10}$	$\overline{u}_{11}$	$\overline{u}_{12}$	$\overline{u}_{13}$
左湖二级	17.24	17.38	17.12	13.71	16.75	2.99	2.33	3.76	17.23	17.80	12.08	13.48	13.02
窑里一级	0.79	2.79	2.53	6.77	7.34	3.26	8.06	6.83	17.75	17.73	2.96	16.84	6.77

依次计算小水电运行状态综合值与失事概率,如表 5.9 所示。

表 5.9　运行状态综合值与失事概率

站名	运行状态 C	失事概率 P_f
左湖二级	14.317	0.284
窑里一级	6.366	0.682

按 4.3 节阐述内容对小水电失事概率进行等级划分,左湖二级电站失事概率属于 B 级,运行状态一般,失事可能性不大;窑里水库一级电站失事概率属于 C 级,运行状态差,失事可能性大。

2. 失事后果计算与分级

由于 2 座小水电管理水平一般,生命损失率都取 0.8。左湖二级电站风险人口为 2 人,按第四章提出的生命损失估算方法,得出左湖二级电站生命损失为 2 人;窑里水库一级电站配套水库为中型级别,失事后果严重,生命损失至少大于 10 人,本例近似按 10 人计算。

按式(4-21)分别计算 2 座小水电的失事后果严重程度:

左湖二级电站:$H = 0.417 \times 2 + 3.34 \times 0.08 \approx 1.10$

窑里水库一级电站:$H = 0.417 \times 10 + 3.34 \times 0.09 \approx 4.47$

根据小水电失事后果严重程度的划分方法,左湖二级电站与窑里水库一级电站失事后果严重程度分别属 2 级和 3 级。

3. 风险评价矩阵

对照小水电风险矩阵,左湖二级电站与窑里水库一级电站分别对应风险矩阵中的 2B 和 3C,按 5.2 节所述风险分类方法,它们分属中风险与极高风险。

5.4.4　结果分析

左湖二级电站引水渠道虽安全隐患较多,管理水平也不高,但作为主体建筑物的配套水库刚刚进行过除险加固,原有的病险基本上得到了治理,且电站装机容量仅 800 kW,失事后造成的经济损失并不严重,故风险较小;窑里水库一级电站配套水库大坝安全隐患多，且较为突出，属于"三类坝"。不仅如此，该小水电配套水库规模相对较大，管理水平较低，致使失事后果严重，风险很大。利用本书提出的小水电运行状态综合评价模型来对 2 座小水电风险进行评估，分别得到"中风险"与"极高风险"的结论，与实际情况符合较好，一定程度上证明了本方法的合理性。

5.5 基于风险的除险加固技术

除险加固是消除工程隐患，提高小水电经济效益行之有效的工程措施，但水工建筑物除险加固一般投入较大，不仅如此，我国待加固的病险小水电数量也较多，更新改造资金不足或不能及时到位是可以预见的问题。因此，有必要研究一种小水电水工建筑物除险加固排序方法，以合理利用有限的资金达到最佳的除险加固效果，为小水电水工建筑物除险加固决策提供科技支撑。除险加固排序方法的研究，对提高决策水平、节约宝贵的更新改造资金具有非常重要的意义。

小水电风险越高，表明其病险程度越严重，或表明其失事后果越严重，或表明病险程度与失事后果均不容忽视。对于这样的小水电，应优先进行更新改造。反之，风险相对较低的病险小水电则可以放在随后的批次进行[89]。因此，根据风险值的大小，对一批病险小水电进行风险排序，有助于制定出较为合理的更新改造方案。

5.5.1 风险的量化

风险矩阵法定性地将小水电风险划分成低风险、中风险、高风险与极高风险 4 个级别，只能比较不同级别的风险高低，一旦小水电风险处于同一级别，风险高低便难于比较。因此，在进行风险排序之前还需进行风险的量化处理。

本书将风险量化分为风险初步量化与风险最终量化。

1. 风险初步量化

为便于风险量化，在风险矩阵中，与失事后果等级划分一样，将失事概率等级 A、B、C、D 依次分别替换为数字 1、2、3、4。风险初步量化值为失事概率等级与失事后果等级的乘积，如风险矩阵中的元素 3B 经初步量化后风险值为 6。

2. 风险最终量化

小水电风险最终量化值为失事概率与失事后果严重程度的乘积。用式 (5-1)表示为

$$R = P_f \times H \tag{5-1}$$

式中:R——小水电风险最终量化值;

P_f——小水电失事概率;

H——失事后果严重程度。

5.5.2 除险加固排序方法

基于风险的小水电水工建筑物除险加固排序步骤如下。

1. 病险小水电的识别

小水电风险矩阵中,失事概率属于等级 A 的小水电工程运行状态很好,无除险加固的必要;除此之外,工程运行状态一般(失事概率属于等级 B),失事后果严重程度相对较轻(1 级与 2 级)的小水电也可暂不列入除险加固小水电的行列。这样,在小水电风险矩阵中,风险水平为 1A、2A、3A、4A、1B、2B 的小水电病险程度较轻,不在除险加固范围内。

2. 初步排序除险加固计划内的小水电

按风险初步量化值大小,对列入除险加固范围的小水电进行初步排序。对风险初步量化值相等的小水电,失事概率大(或工程运行状态差)的小水电,应优先得到除险加固。如 4B 与 2D,风险初步量化值均为 8,但 2D 因失事概率更高而应优先得到加固。纳入除险加固计划内的小水电水工建筑物按除险加固优先级排序为 4D>3D>4C>3C>2D>4B>2C>3B>1D>1C。

3. 按风险最终计算值排列处于同一风险级别的小水电

处于同一风险级别的小水电,按式(5-1)计算的最终风险值来进一步比较风险值的大小,从而确定最终的小水电水工建筑物除险加固次序。

本书提出的小水电水工建筑物除险加固排序方法具有以下特点。

(1)能有效识别小水电的病险现状,确定除险加固的对象。有些病险小水电,尽管风险水平并不低(如失事后果很严重),但工程运行状态很好(或失事概率很小),这类就不属于病险小水电,无除险加固的必要。

(2)在风险排序的过程中,并非简单地用失事概率与失事后果的乘积来度量风险水平的高低,而是先根据其在小水电风险矩阵中的位置,按风险初步量化值对小水电风险进行初步排序,只有在风险水平相同不便于比较高低的情况下,才采用风险的最终量化值来排定最终的次序。

(3)除险加固是通过降低失事概率来控制风险的工程措施,因此,在实际排序过程中,更加注重于工程自身的运行状态。

6 小水电水工建筑物风险控制

小水电在解决山区农村供电、促进区域经济发展、改善农民生产生活条件等方面都做出了巨大的贡献。但由于大部分小水电修建于 20 世纪 50 至 70 年代，且受当时技术、经济方面的限制，属于"三边"与"三无"工程，建设标准较低、施工质量较差，经过约半个世纪的运行，小水电老化严重、效率低下、安全隐患多等问题日益显现出来。

根据对我国小水电工程安全与管理现状的调研可知，不少小水电都存在着不同程度的安全隐患，部分还处于高风险之中，严重威胁人民的生命财产安全。因此，有必要开展小水电风险控制措施的研究，将小水电风险控制在公众普遍能够接受的范围之内[90]。

采用合理的措施控制小水电风险，不仅能保障工程的安全运行，有效避免或减少工程事故的发生，而且能大大提升我国农村水电行业的管理水平，促进社会稳定。同时，小水电水工建筑物经除险加固之后，将会减少水源渗漏，提高水资源的利用效率，使我国宝贵的水资源得到更加高效的利用，新增电量经济效益也将十分显著。因此，小水电风险控制措施研究意义重大。

6.1　风险控制理论

6.1.1　风险控制内涵

风险控制指风险管理者在风险辨识和风险评估的基础上，针对小水电水工建筑物运行中所存在的风险因素，积极采取各种措施和方法，以消除风险因素或减少风险因素的危险性，包括事故预防和降低损失两个方面。在风险事件发生前，降低各类水工建筑物失事的概率；在风险事件发生后，将损失减少到最低程度。风险控制是风险管理过程中的后阶段，也是整个风险管理的成败所在[91]。

6.1.2　风险控制原则

小水电风险控制原则[92]主要包括以下 4 条。

（1）全面控制原则。该原则包括时间空间的双重概念，即对小水电运行全过程和小水电运行中涉及的各种风险都进行控制和管理，既要考虑工程安全，又要兼顾社会经济影响。

（2）动态控制原则。实时监测，及时发现风险隐患，迅速采取控制措施防止事故的发生。

（3）分级控制原则。风险控制系统组织结构复杂，必须建立较完善的安全多级递阶控制体系。首先控制重要又急迫的风险,接下来依次控制重要不急迫、急迫不重要和既不重要又不急迫的风险,各控制方案之间相互反馈,达到增强效果的作用。

(4) 多层次控制原则。多层次控制可以增强小水电运行的可靠程度,通常包括 6 个层次:根本的预防性控制、补充性控制、防止事故扩大的预防性控制、维护正常运行的控制、经常性控制以及紧急性控制。各层次控制采用的具体内容随风险性质的不同而不同。

6.1.3　风险应对策略

风险管理者进行风险处置常用策略包括风险回避、风险控制、风险转移、风险自留等[93]。在实际应用中,哪一种方法为最佳选择,必须经过评估,最后确定最适合的方法。

6.1.3.1　风险回避

风险回避是以一定方式中断风险源,使其不发生或不再发展,从而避免可能产生的潜在损失。一般来说,采用风险回避需要做出一些牺牲,但与承担风险相比较,这些牺牲比风险真正发生时可能造成的损失要小得多。在实施风险回避对策时,必须对风险损失有正确的估量。采用这种风险控制方法最好是在决策阶段,否则项目一旦实施,将会造成不可估量的损失。

风险回避包括完全回避与中途放弃。完全回避指当小水电运行风险过大时,加以拒绝以避免风险的发生,如配套水库空库或降低水位运行。中途放弃指当环境发生较大变化或风险因素变动后,中止已承担的风险,如实施降低小水电风险措施所需费用与降低风险后所取得的效益非常不相称时,可将小水电报废拆除从而回避风险。

小水电运行风险回避应注意以下问题。

(1) 回避一种风险的同时可能产生另一种新的风险。在工程实施中,绝对零风险的情形几乎不存在。就技术风险而言,即使相当成熟的技术也存在一定的不确定性,即风险。

(2) 回避风险的同时也失去了从风险中获益的可能性。例如,为避免小水电配套水库在高水位下运行,小水电业主可能会减少蓄水量而导致发电量减少,从而也就失去了多发电获益的可能性。

(3) 有时采取风险回避可能不实际。小水电经济效益至关重要,小水电业主不可能为了绝对的安全而选择放弃小水电的正常运行。面对可能的风险,风险回避是一种必要的,有时甚至是最佳的对策,但也是一种消极的风险应对策略。

6.1.3.2 风险控制

风险控制是采取措施以降低风险事件发生的概率以及减少潜在损失的一种风险防范手段。风险控制应该做到积极主动,以预防为主,防控结合。风险控制作为一种积极、主动的风险应对策略,主要包括两方面的工作。

(1)消除或控制风险源,降低风险事件发生的概率。如通过对病险小水电水工建筑物进行除险加固来提高工程安全性,以达到减少小水电各水工建筑物失事可能性的目的。

(2)损失控制,即降低损失的严重性,设法使损失最小化。在风险损失已经不可避免地发生时,采取各种措施以遏制损失扩大化。损失控制必须以一定量风险评估结果和风险清单为依据,才能确保损失控制措施具有针对性。如科学合理地规划小水电配套水库下游区域,将相关工厂、企业、学校等人口密集源迁移出高风险区。

风险控制通常可以采用如下方法:

(1)预防危险源的发生。

(2)减少构成危险的数量因素。

(3)防止已经存在的危险的扩散。

(4)降低危险扩散的速度,限制危险空间。

(5)在时间和空间上将危险与保护对象隔离。

(6)借助物质障碍将危险与保护对象隔离。

(7)改变危险的有关基本特征。

(8)增强被保护对象对危险的抵抗力。

(9)迅速处理环境危险已经造成的损害。

(10)稳定、修复、更新遭受损害的物体。

6.1.3.3 风险转移

风险转移是指借用合同或协议,在风险事件发生时将损失的部分或全部转移到第三方身上,其前提是必须让风险承受者得到一定的好处,并且对于准备转移出去的风险,尽量让最有能力的承受者分担。风险转移主要有两种方式:保险风险转移和非保险风险转移。

保险风险转移是指通过购买保险的办法将风险转移给保险公司或保险机

构。小水电所有者在购买保险后,工程一旦失事,所造成的重大损失可从保险公司及时获赔,减少小水电所有者的赔偿压力。通过保险还可以使决策者和风险管理人员对工程风险的担忧减少。保险公司可向小水电所有者提供较为全面的风险管理服务,从而提高小水电的风险管理水平。保险转移对策的缺陷是工程保险合同的内容较为复杂,保险谈判常耗费较多的时间和精力。投保后,投保人可能会产生麻痹心理而疏于损失控制计划的制订。

非保险风险转移是指通过保险以外的其他手段将风险转移出去。非保险风险转移主要有合资经营和无责任约定两种方式。非保险转移优点有:(1)可以转移某些不可保的潜在损失,如物价上涨、法规变化等引起的成本增加;(2)被转移者往往最适宜于损失控制,能提高抗风险能力。

目前,我国尚无有效的风险转移手段,在国外,保险已作为转移风险的一种重要方法,我国应加强这方面的研究。

6.1.3.4　风险自留

风险自留是指小水电所有者将风险留给自己承担,它是一种重要的财务性管理技术,是从内部财务的角度应对风险。如采用其他风险应对措施的费用超过小水电失事造成的损失,或其他风险应对措施均不可行,小水电所有者可以考虑将这些风险自己承担。但他们必须对风险事件发生可能造成的损失有正确的估计,并在其可承担范围之内。该风险应对策略主要应用于那些风险损失较小、自己能够承担的风险。通常在下列情况下采用:

(1) 处理风险的成本大于承担风险所付出的代价。

(2) 预计某一风险事件发生可能造成的最大损失,小水电所有者自身可以安全承担。

(3) 采用其他风险控制措施的费用超过风险事件造成的损失。

(4) 缺乏风险管理的技术知识,以至于自身愿意承担风险损失。

(5) 当其他风险处置方法均不可行时。

风险自留与其他风险应对策略的根本区别在于,它既不改变小水电运行风险的发生概率,也不改变风险事件潜在损失的严重性。风险自留大体上分为非计划性风险自留和计划性风险自留。

非计划性风险自留。一般是由于风险管理人员没有意识到小水电某些风险的存在,或不曾有意识采取措施,以致风险发生后只能自己承担,这是被动承担的风险。

计划性风险自留。一般是主动的、有意识的、有计划的选择,是风险管理人员在经过正确的风险识别和风险评估后做出的风险应对决策,一般应选择风险量小或较小的风险事件作为风险自留的对象。

6.2 风险控制措施

从广义的角度讲,小水电风险控制措施可分为工程措施和非工程措施。工程措施主要治理小水电工程自身存在的病险,非工程措施主要预防风险事件的发生,以及险情发生后的应急响应对策。相对于非工程措施,工程措施是昂贵的,代价较高。小水电运行风险控制措施分类见图 6.1。

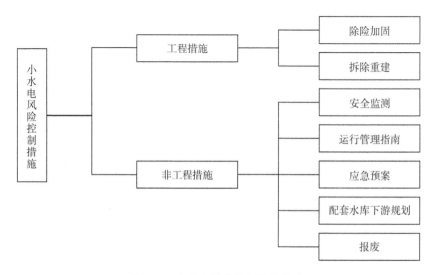

图 6.1 小水电风险控制措施分类

6.2.1 工程措施

我国大部分小水电修建于 20 世纪 50 至 70 年代,本身存在建设标准较低、工程质量较差的问题,即使工程质量达标的小水电,其水工建筑物在经过长期运行之后,也难免出现老化、人为破坏、自然侵蚀等现象。为保证出现病险的水工建筑物继续安全运行,需要对这些水工建筑物存在的安全隐患进行彻底排查、修补与加固,以消除病险。小水电水工建筑物风险控制的主要工程措施有除险加固和拆除重建。

6.2.1.1 除险加固

除险加固是提高小水电水工建筑物工程安全性,降低失事概率的最有效措施之一。小水电除险加固应做好前期准备工作,以便为除险加固方案的选择提供科学的依据,避免盲目性。前期准备工作包括收集小水电基本资料、安全评价、风险分析以及除险加固方案可行性论证等。风险分析技术可以有效解决小水电除险加固资金有限这一难题,它首先对病险小水电进行初步筛选,按风险水平的高低对需要加固的小水电进行排序,确保病险严重的小水电能优先得到加固。小水电水工建筑物除险加固资金筹措办法可借鉴《重点小型病险水库除险加固项目和资金管理办法》,按地区差别系数区分东部、中部和西部地区,中央专项资金负担的项目比例分别为 1/3、60%和 80%,剩余资金由当地政府部门自筹解决。

病险小水电一旦列入除险加固计划,应采取灵活多样的加固处理方式,通过方案优化,确保小水电工程主要风险源得以处理,降低小水电的失事概率,以达到控制风险的目的。在具体实施过程中,应强化建设质量与基础设施建设,保证工程质量,避免短时期内再次出现险情。同样,除险加固后评估也应受到重视,对经除险加固后未能"摘帽"的病险小水电,应组织专家进行原因分析,为以后的除险加固工作积累宝贵的经验。对因人为原因而未能达标的除险加固工程,应追究相关单位或个人的责任,并采取相应的惩处措施。

6.2.1.2 拆除重建

病险小水电拆除重建适用于以下几种情形。

(1)采用各种除险加固措施达不到除险目的,且拆除重建后的小水电经济、社会效益明显。

(2)小水电自身经济、社会效益明显,但病险严重,除险加固代价太大,与拆除重建耗资不相上下。

(3)小水电病险严重,规划选址、设计不合理,改址重建后经济、社会效益有显著提高。

(4)小水电病险严重,因先前认识不足,小水电未能充分利用当地水能资源,增容潜力巨大,需重新进行规划设计。重建后的小水电经济、社会效益能显著提高。

利用拆除重建措施来控制小水电风险,可以彻底消除安全隐患,取得最佳的效果。但拆除重建耗资大,必须有雄厚的资金做保障,还涉及环评、移民等难题。因此,拆除重建应事先做好前期论证工作,并确保资金得到合理高效地利用。重建施工过程中应严把质量关,确保工程质量。

6.2.2　非工程措施

6.2.2.1　安全监测

小水电水工建筑物发生险情之前一般都会出现某种征兆,如挡水建筑物出现较大裂缝、压力管道渗漏严重等。安全监测有助于提前发现险情,并及时发出警报,为工程抢险与组织人员疏散撤离赢得时间,对避免或延缓风险事件的发生与发展,特别是降低人员伤亡意义特别重大。

安全监测通过仪器观测和巡视检查对小水电工程主体结构、基础、两岸边坡、相关设施以及周围环境进行测量及观察。安全监测包括仪器监测与人工巡视检查,仪器监测系统又包含水情监测、工情监测、闸门监控、水质监测及报警等子系统,在很多情况下,人工巡视检查可能是更加直观有效的手段。

长期以来,建筑物的安全主要依靠结构物的可靠度设计来保证,建筑物安全监测起步较晚,大约在 20 世纪 50 年代,它随着岩土工程失事给人们提供教训后,不断寻求监测和监测手段而逐步发展起来。20 世纪 80 年代,随着电子技术、自动控制技术、通信技术的发展,安全监测自动化技术被引入我国,并在许多水利工程中得到了较好的应用,至 21 世纪初,安全监测自动化技术已趋成熟。目前,建筑物安全监测手段的硬件和软件发展迅速,监测范围不断扩大,监测自动化系统、数据处理和资料分析系统、安全预报系统也在不断地完善[94]。

安全监测技术在水库大坝中得到了很好的应用。近些年,我国发生的若干起溃坝事故均没有造成人员伤亡,这与在溃坝发生前的巡视检查中发现事故先兆、及时报警并组织人员转移是分不开的。小水电水工建筑物安全监测应高度重视人工巡视检查和重点加强挡水建筑物与厂房、山坡岩体的监测。

监测资料是建筑物工程性态的真实反映,利用长期积累的观测资料掌握变化规律,能对建筑物的未来性态做出及时有效的预报。因此,还应注重对观测资料的及时整理和分析,最大程度体现安全监测的价值。

6.2.2.2　运行管理指南

运行管理指南通过规范化、制度化、程序化的管理来提高管理水平,能有效避免人为失误导致的事故发生,它是指导小水电管理人员正确运行、维护、管理小水电水工建筑物的实用助手。

运行管理指南作为风险管理的重要手段,在国外受重视程度较高。在小水电日常运行过程中,管理人员依照运行管理指南对水工建筑物实行管理,使其始终处于正常运转状态,即使发生异常或出现运行故障,管理人员也能按运行管理指南进行简单的应急处置,极大降低风险事件发生的可能性,任何一座小水电都应该编制一本简单实用的运行管理指南。运行管理指南应明确规定各个工作岗位的职责,提供日常运行过程中水工建筑物的运行维护方法以及常见问题的处置技术。

运行管理指南的另一个重要内容是管理能力建设,包括基础管理设施建设、管理人才队伍建设以及管理制度建设。我国小水电绝大多数位于偏僻山区,通信、交通不太便利,一旦发生险情,相关部门难以高效地组织救援工作,甚至会因延误救援时机而使损失加剧;不仅如此,部分小水电管理人员专业素养不高、专业知识欠缺,因此会出现因误操作而导致的事故;还有一些小水电并未制定健全的规章制度,管理不规范。

同时,还应注重引进新兴技术来提高管理水平,如"无人值守"厂房、预测预警系统等,这些都有助于更好地控制风险。

6.2.2.3 应急预案

应急预案是在风险分析与评估的基础上,对可能发生的突发事件或事故事先确定的对应处理计划、方案与措施。应急预案的制定有两个目的:(1)采取预防措施使事件控制在局部,消除蔓延条件,防止突发性重大或连锁事件发生。(2)能在突发事件发生后迅速有效地控制和处理,尽量减轻突发事件对人和财产的影响。

小水电突发事件应急预案是针对可能发生的危及小水电工程安全与公共安全的突发事件而预先制定的行动方案,应具有可操作性和有效性。其中,挡水建筑物溃决是后果最为严重的突发事件,是应急预案考虑的重点。影响小水电突发事件发生、发展及其后果的因素非常复杂,其中存在大量不确定性,如果不能事先考虑周全,制定科学的应急措施,并建立强有力的预案组织体系、运行机制和保障体系,将会影响应急预案的有效运转和执行效果。

小水电应急预案应简单明了,操作和使用人员只需要知道自己应该做什么和怎么做,而不必知道为什么做,重点应明确相关单位、部门和人员的职责和任务,并建立小水电突发事件与当地其他公共安全突发事件应急预案之间的链接。同时,应急预案的操作演练必不可少。水库大坝突发事件应急预案编制导则大纲[95]见表 6.1,小水电应急预案的编制可参照进行。

表 6.1　水库大坝突发事件应急预案编制导则大纲

0 扉页	3.3 专家组	5.3 抢险与救援物资保障
1 编制说明	3.4 抢险与救援队伍	5.4 交通、通信及电力保障
2 突发事件及后果分析	**4 运行机制**	5.5 医疗卫生保障
2.1 工程概况	4.1 预测与预警	5.6 基本生活保障
2.2 突发事件可能性分析	4.2 应急响应	5.7 治安保障
2.3 超标准泄洪及溃坝洪水分析	4.3 应急处置	**6 宣传、培训与演练(习)**
2.4 突发水污染事件后果分析	4.4 应急结束	6.1 宣传
3 应急组织体系	**5 应急保障**	6.2 培训
3.1 应急指挥机构	5.1 经费保障	6.3 演练(习)
3.2 应急保障机构	5.2 抢险与救援队伍保障	**7 附表与附图**

6.2.2.4　配套水库下游规划

对于少数有较大规模配套水库的小水电,应注重水库下游的规划。水库在泄洪过程中,下泄洪水可能会对下游造成一定程度的淹没,不仅如此,大坝作为小水电的挡水建筑物,一旦溃决失事,将会在下游形成溃坝洪水,造成更加严重的后果。若下泄洪水或溃坝洪水影响范围内人烟稀少,且无重要工厂、企业,小水电水工建筑物失事后果严重程度将会减小,风险相对较低。

水库下游规划应根据标准下泄洪水及溃坝洪水的淹没风险图,以及洪水演进速度和严重性分析结果,对水库下游社会经济发展布局进行规划和管理,以降低洪水可能造成的生命损失、经济损失以及社会环境影响。因历史原因已处于溃坝洪水高风险区的学校、医院、商业街、工厂、企业等人口密集场所,应在修建防洪工程、做好防洪准备的同时,有计划地逐步迁离。

6.2.2.5　报废

小水电报废指小水电因工程病险程度较高、功能转变、失去经济价值、运行风险过大等原因而废置处理的一项措施。报废是一门大而新的学问,不单单是工程技术问题,而是涉及社会、历史、环境、生态、人文、经济等众多学科的庞大系统,是一项技术性很强的工作,需要事先进行分析论证,需要相关技术标准作为科学决策与善后处理的依据。

水库大坝作为小水电的水工建筑物之一,其报废工作已经走了前列,国外将大坝报废称为大坝退役或拆坝。自 19 世纪末期以来,美国已经展开了大坝的拆除工作,同时,美国也是世界上拆坝数量最多的国家。20 世纪 90 年代末期,我国部分省份率先展开了大坝报废工作,并出台了相应的配套法规和技术标准。2003 年,水利部在调查研究的基础上,以中华人民共和国水利部第 18 号令发布了《水库降等与报废管理办法(试行)》,并于当年 7 月 1 日起实施,进一步规范了水库报废的程序。《水库降等与报废标准》(SL 605—2013)与《水库降等与报废评估导则》(SL/T 791—2019)也先后颁布实施,水库大坝降等与报废工作已较为成熟。

满足以下条件的病险小水电,可以考虑采取报废处理。

(1) 高风险,采取工程措施除险代价过大,且经济、社会效益有限。

(2) 长期闲置,无人管理,除险后经济、社会效益有限。

(3) 附近修了大电站而导致发电来水量减少。

(4) 因规划选址错误,发电用水长期紧张,经济、社会效益差。

(5) 配套水库功能改变,取消了原有的发电功能。

(6) 配套水库报废,已无发电来水。

对报废后依然严重影响生态环境的水工建筑物,可以选择拆除处理。报废后的小水电虽然无发电功能,但有些配套水工建筑物依然可以发挥巨大作用,如配套水库可发挥其供水、灌溉等方面的效益。

6.3　风险控制方案

选择风险控制措施对病险小水电实行风险管理,应本着经济、可靠、有效的原则,根据小水电实际风险状况,具体问题具体分析,制定高效合理的风险控制方案。

小水电风险矩阵可用于对小水电进行定性或定量的风险评价。在小水电风险管理过程中,首先通过风险分析技术分别估计小水电风险事件发生的概率以及损失后果的严重程度,并进一步确定失事概率与后果严重程度等级,最后根据风险水平选择相应的风险控制措施,使风险水平尽可能降低,接近或达到可接受风险水平。

6.3.1　风险矩阵

小水电风险矩阵是一个 4×4 矩阵,其中,A、B、C、D 分别表示失事概率大小等级,A 表示失事概率最小、D 表示失事概率最大;1、2、3、4 分别表示失事后果等级,1 表示失事后果最轻微、4 表示失事后果最严重。

风险矩阵可划分为 4 个区域,分别对应 4 个不同级别的风险水平(见表 6.2)。

(1) 区域 Ⅰ ={ 1A,1B,2A }所对应风险水平为低风险。

(2) 区域 Ⅱ ={ 1C,1D,2B,3A,4A }所对应风险水平为中风险。

(3) 区域 Ⅲ ={ 2C,2D,3B,4B }所对应风险水平为高风险。

(4) 区域 Ⅳ ={ 3C,3D,4C,4D }所对应风险水平为极高风险。

表 6.2 小水电风险矩阵分区

失事概率	失事后果			
	1	2	3	4
A	1A	2A	3A	4A
B	1B	2B	3B	4B
C	1C	2C	3C	4C
D	1D	2D	3D	4D

6.3.2 各级风险应对措施

低风险小水电。1A、1B、2A 失事概率和失事后果等级均较低,为可接受风险,不需要采取处理措施。

中风险小水电。3A、4A 失事概率均较小,但失事后果比较严重,不容忽视,风险控制措施应优先选择配套水库下游规划、应急预案等非工程措施来降低失事损失。1C、1D 失事后果严重程度轻微,但失事可能性大,应优先选用除险加固、安全监测、必要时进行报废处理等风险控制措施来减小失事概率。2B 失事概率与损失严重程度均一般,但不容忽视,小水电应在加强安全监测下运行。

高风险小水电。3B、4B 失事后果分别为严重和很严重,失事概率并不太高,但应引起重视,应在加强安全监测的同时,注重失事后果的控制,如配套水库下游规划、应急预案等非工程措施。2C、2D 风险特征则相反,在采用除险加固工程措施来提高水工建筑物安全性的同时,制定应急预案也很有必要。

极高风险小水电。3C、3D、4C、4D 不仅失事概率大,而且失事后果很严重,应制定工程措施与非工程措施并重的风险控制方案,必要时可以考虑采用拆除重建的方式来控制风险。

小水电各级风险及应对措施详见表 6.3。

表 6.3 各级风险应对措施表

风险等级	评估结果	应对措施
低风险	1A、1B、2A	无须采取处理措施
中风险	3A、4A	配套水库下游规划、应急预案等非工程措施
	2B	加强安全监测
	1C、1D	除险加固、安全监测、必要时报废处理
高风险	3B、4B	加强安全监测,配套水库下游规划、应急预案等非工程措施
	2C、2D	除险加固同时制定应急预案
极高风险	3C、3D、4C、4D	工程与非工程措施并重,必要时拆除重建

7 小水电安全监测技术

安全监测因直观、高效等特点,作为首选非工程措施,被广泛应用于小水电水工建筑物风险控制。小水电安全监测包括巡视检查、仪器监测、监测资料整编分析与监测信息平台。

7.1 巡视检查

7.1.1 巡视检查类型

小水电水工建筑物巡视检查可分为日常巡视检查、年度巡视检查和特别巡视检查3类。日常巡视检查指日常对工程开展的例行检查,一般每周不少于1次,汛期每日不少于1次,遭遇险情或其他特殊工况时,应增加检查频次。年度巡视检查指每年汛前、汛中、汛后对大坝进行的全面现场检查,除对工程本身进行检查外,还对防汛准备情况、运行维护记录和监测数据等档案资料进行检查,提出水库年度巡视检查报告或检查表。特别巡视检查指在坝区(或其附近)发生地震、大洪水、高水位运行、库水位骤变、水库放空以及发生其他影响大坝安全运行的特殊情况时,由小水电主管部门或管理单位组织专家,对工程进行的特别检查。特别巡视检查应及时,主要关注特殊情况前后工程外观及安全监测资料变化情况,检查完成后编写特别巡查报告,对发现的异常情况,还应派专人连续监视。

7.1.2 巡视检查要点

1. 坝体

对坝体的巡视检查主要关注以下情况。

(1)坝顶有无裂缝、异常变形、积水或植物滋生等现象;防浪墙有无开裂、挤碎、架空、错断、倾斜等情况。

(2)上游坝坡是否损坏,块石护坡有无块石翻起、松动、塌陷、垫层流失、架空或风化变质等损坏现象;坝坡有无裂缝、剥落、滑动、隆起、塌坑、冲刷等现象;近坝水面有无冒泡、变浑等异常现象。

(3)下游坝坡及坝趾有无裂缝、剥落、滑动、隆起、塌陷、孔洞、冒水、渗水坑,或流土、管涌,或兽洞、蚁穴等现象;表面排水系统是否通畅,有无裂缝或损坏;减压井(或沟)等导渗降压设施有无异常;排水反滤设施是否堵塞或排水不畅,渗水有无骤增骤减和浑浊现象。

(4)混凝土坝或砌石坝还应检查伸缩缝开合情况、止水设施是否完好等。

2. 坝基与坝肩

对坝基和坝肩的巡视检查主要关注以下情况。

(1) 基础排水设施的工况是否正常;渗水情况,水的颜色、气味及浑浊度、酸碱度、温度有无变化。

(2) 坝体与岸坡连接处有无错动、开裂及渗水,或兽洞、蚁穴等情况;两岸坝肩区有无裂缝、滑动、滑坡、崩塌、溶蚀、隆起、塌坑、异常渗水等情况。

(3) 坝趾附近有无渗水、管涌、流土或隆起等现象;排水设施是否完好。

(4) 坝肩岸坡有无裂缝、塌滑迹象;护坡有无隆起、塌陷或其他影响大坝安全的情况;下游岸坡渗流是否正常。

(5) 混凝土坝或砌石坝应检查廊道有无裂缝、位移、漏水、溶蚀、剥落等情况;伸缩缝开合状况、止水设施工作状况、照明通风设施工作状况是否正常。

3. 输、泄水洞(管)

对输、泄水洞(管)的巡视检查主要关注以下情况。

(1) 引水段有无堵塞、淤积、崩塌等情况。

(2) 进水口边坡坡面有无新裂缝、塌滑发生,原有裂缝有无扩大、延伸;地表有无隆起或下陷;排(截)水沟是否通畅、排水孔工作是否正常;有无新的地下水露头,渗水量有无变化。

(3) 进水塔(或竖井)混凝土有无裂缝、渗水、空蚀或其他损坏现象;塔体有无倾斜或不均匀沉降。

(4) 洞(管)身有无裂缝、坍塌、鼓起、渗水、空蚀等现象;原有裂(接)缝有无扩展、延伸。

(5) 放水时出水口水流形态、流量是否正常,有无冲刷、磨损、淘刷等现象;停水期是否有水渗漏;出水口有无淤堵、裂缝及损坏;出水口边坡有无裂缝及滑移。

(6) 工作桥是否有不均匀沉陷、裂缝、断裂等现象。

4. 溢洪道

对溢洪道的巡视检查主要关注以下情况。

(1) 进水段有无坍塌、崩岸、淤堵或其他阻水现象;流态是否正常。

(2) 堰顶或闸室、闸墩、胸墙、边墙、溢流面、底板有无裂缝、渗水、剥落、冲刷、磨损、空蚀等现象;伸缩缝、排水孔是否完好。

(3) 泄水槽有无气蚀、冲蚀、裂缝、损伤和塌坑。

(4) 消能设施有无磨损、冲蚀、裂缝、变形和淤积。

(5) 下游河床及岸坡有无冲刷、淤积。

(6) 工作桥有无不均匀沉降、裂缝、断裂等现象。

（7）主体结构是否完整。

5. 闸门及启闭机

对闸门及启闭机的巡视检查主要关注下列情况。

（1）闸门有无变形、裂纹、螺（铆）钉松动、焊缝开裂；门槽有无卡堵、气蚀等情况；钢丝绳有无锈蚀、磨损、断裂；止水设施是否完好；闸门是否发生振动、气蚀现象。

（2）启闭机是否正常工作；制动、限位设备是否准确有效；电源、传动、润滑等系统是否正常；启闭是否灵活；备用电源及手动启闭是否可靠。

（3）金属结构防腐及锈蚀状况。

6. 近坝岸坡

对近坝岸坡的巡视检查主要关注下列情况。

（1）岸坡有无冲刷、开裂、崩塌及滑移迹象。

（2）岸坡护面及支护结构有无变形、裂缝及错位。

（3）岸坡地下水露头有无异常，表面排水设施和排水孔工作是否正常。

（4）库区水面有无漩涡、冒泡等现象。

7. 管理设施

对管理设施的巡视检查主要关注下列情况。

（1）监测设施是否运行正常。

（2）防汛道路、供电、通信、照明设施是否正常。

（3）防汛物资等应急设施是否完备。

7.2 仪器监测

7.2.1 监测类别与项目

小水电水工建筑物安全监测类别主要包括环境量、渗流、变形监测，可根据需要开展应力应变、温度、白蚁蚁情等监测，各监测类别应针对工程实际配合布置，突出重点，兼顾全面。

环境量监测项目主要有上游水位、下游水位、降水量，渗流监测项目主要有渗流量、渗流压力（扬压力）、绕坝渗流监测，变形监测项目主要为坝体表面变形和影响工程安全的内部变形、裂（接）缝与近坝岸坡变形等。

7.2.2 环境量监测

1. 上游水位监测

小水电应设置不少于 1 个上游水位自动监测点和 1 组人工观测水尺，测点应设置在坝前不受风浪和泄流影响,且便于安装和观测的岸坡或永久性建筑物上。

上游水位自动监测设备一般根据现场条件选择浮子式、雷达式、压力式等类型观测仪器。水尺应根据现场条件优先选用直立式水尺,当直立式水尺设置或观读有困难时,可选用倾斜式或矮桩式水尺;水尺应沿大坝上游坡面或近坝稳定岸坡布设,避开溢洪道、泄洪洞、输水洞进水口等受泄洪水流影响的位置。

监测范围应涵盖坝顶至死水位之间的水位,自动监测设备不能测记全变幅水位时,可同时配备 2 套以上,并保证各设备观测值范围有不少于 0.5 m 的重合。

上游水位自动监测设备应根据测报需要设置定时监测和加密监测时段。上游水位人工观测一般按下列方式进行。

(1) 每日 8 时定时测读上游水位,并根据观测任务增加观测频次。水位观测分辨力不大于 1.0 cm。

(2) 人工测读时,按水面与水尺的相交处读取数值。当水面出现风浪时,应读取浪峰、浪谷时的数值,取其平均值作为水位测值。

(3) 当上游水面结冰冻实时,可不测读水位,需记录冻实时间;水尺附近未冻实时,可将水尺周围的冰层清除,待水面平静后再测读水位。

自动监测设备与水尺每年汛前应进行检查。自动监测设备需采用水尺观测值定期比测,确保监测数据的准确性,比测频率一般每年不少于 1 次;上游水位在运行过程中变幅超过 10 m 的,比测频次应每半年不少于 1 次。水尺零点高程每 1~2 年应校核 1 次。

2. 下游水位监测

小水电应开展挡水建筑物下游水位监测,测点布置与观测要求如下。

(1) 测点应布置在近坝趾、水流平顺、受泄流影响较小、设备安装和观测方便处。

(2) 坝后无水时,下游水位应采用坝脚地下水位。

(3) 下游水位应与上游水位同步观测。有水时,观测设备及要求与上游水位监测相同;无水时,观测设备可按土石坝渗流压力观测设施进行设置。

3. 降水量监测

小水电一般在坝址区设置不少于 1 个降水量观测点,库区集雨面积较大的,降水量观测点数量按照《水文站网规划技术导则》(SL/T 34—2023)有关要求设置。

降水量观测点应避开强风区,周围应空旷、平坦,不受突变地形、树木和建筑物的影响。雨量计(器)至障碍物边缘的距离应大于障碍物顶部与承雨器口高差的 2 倍,如周边为边坡或山体时,承雨器口至山顶的仰角不大于 30°。

降水量多采用翻斗式雨量计观测,分辨力一般不低于 1.0 mm,多年平均降水量小于 800 mm 的地区可选 0.5 mm,多年平均降水量大于 800 mm 的地区可选 1.0 mm。

采用自记式雨量计观测时,每日 8 时检查观测记录,自动监测站点实现"有雨即报"。人工观察降水量应满足下列要求。

(1) 雨量单位为毫米,记录至 0.5 mm 或 1.0 mm。

(2) 每日 8 时量测降水量,当库区降雨达到暴雨量级时,应不少于每小时测报 1 次。

降水量观测记录应及时记录和分析,定期进行资料审核、统计分类、成果归档。人工观测应坚持随测、随算、随整理、随分析,自动采集遥测降水量数据库应定期进行备份。

7.2.3 渗流监测

1. 渗流量监测

对已建存在渗漏明流且具备汇集条件的小水电大坝或新建的小水电大坝,应开展渗流量监测。监测点数量一般根据渗漏部位、严重程度、汇集条件等确定,可设置多个监测点。

渗流量监测方式应根据渗流量大小和汇集条件确定,当渗流量不超过 1 L/s 时,一般采用容积法监测;当渗流量大于 1 L/s 时,一般采用量水堰法监测,其中渗流量为 1～70 L/s 时采用直角三角堰,大于 70 L/s 时采用梯形堰或矩形堰。

量水堰法监测设施及其安装埋设需满足下列要求。

(1) 量水堰应设在排水沟直线段的堰槽内,堰槽段应采用矩形断面,两侧墙应平行和铅直。槽底和侧墙应加衬砌,不允许渗水。堰槽内杂物应及时清理,防止影响流态。

(2) 堰板宜采用不锈钢板制作,应与堰槽两侧墙和来水流向垂直,且平整、水平,高度应大于 5 倍的堰上水头。

(3) 堰口水流形态应为自由式。

(4) 测读堰上水头的水尺、测针或量水堰计,应设在堰口上游 3～5 倍堰上水头处,其零点高程与堰口高程之差的绝对值不应大于 1 mm。

(5) 有条件时安装量水堰计自动监测渗流量,量水堰及量水堰计安装完成后,应及时填写安装考证表。

2. 土石坝渗流压力监测

土石坝渗流压力监测内容主要包括坝体与坝基渗流压力,其监测宜根据大坝结构、地质条件及运行情况等布置,监测布置要求如下。

(1) 小(1)型水库大坝、坝高 15 m 及以上或关系下游公共安全的小(2)型水库大坝,应设置不少于 1 个监测横断面;其他小(2)型水库大坝可根据需要设置不少于 1 个监测横断面;坝长超过 500 m 的小型水库可增加监测横断面。

(2) 监测横断面宜设置在最大坝高、地质条件复杂、坝体与穿坝建筑物接触部位附近、有渗流隐患等坝段。

(3) 每个横断面宜设置不少于 2 个监测点,设置在坝顶下游侧或心(斜)墙下游侧、排水体前缘,无排水体的设置在下游坝脚。下游坝坡有马道的,宜在马道增设 1 个监测点。

(4) 坝体监测点高程应位于预计最低浸润线以下,坝基监测点高程应位于坝基范围内。

建议优先采用在测压管内安装渗压计的方式自动监测土石坝渗流压力,其监测仪器设施及其安装埋设要求如下。

(1) 测压管宜采用内径为 50 mm 的硬工程塑料管或热镀锌钢管;由透水管和导管组成,管底封闭,不留沉淀管段。测压管透水段长度宜为 1~2 m,面积开孔率宜为 10%~20%,开孔应均匀分布、管内无毛刺,外部包扎无纺土工织物。导管段应顺直,内壁平整无阻。透水段与坝体之间回填干净细砂、中粗砂等反滤料,导管段回填与坝体相同或接近的材料。

(2) 测压管管口应高于坝面;封孔回填完成后,应向管内注入清水开展灵敏度试验,试验合格后加装孔口保护装置,防止人为破坏与外水渗入。

(3) 测压管可随坝体填筑埋设,也可通过钻孔方式埋设。

(4) 渗压计吊装高程应根据测压管水深与仪器量程确定,距离测压管底宜不小于 0.5 m;吊装线缆长度超过 15 m 的,宜采用钢丝绳悬吊安装;线缆在管口固定可靠,管口应留有通气孔;渗压计安装至设计高程后应进行人工比测,比测误差应满足《大坝安全监测系统鉴定技术规范》(SL 766—2018)的相关要求。

(5) 测压管、渗压计安装埋设后应及时填写安装考证表。

3. 混凝土坝扬压力监测

小(1)型混凝土坝和关系下游公共安全的小(2)型混凝土坝,建议设置 1 个扬压力监测纵断面,监测纵断面宜布置在第一道排水幕线上,一般根据坝体结构、坝基地质条件等设置不少于 3 个扬压力监测点。监测点高程宜位于建基面高程以下 0~1 m 处,监测孔与排水孔不应互换或代用。

建议优先采用在测压管内安装渗压计的方式自动监测混凝土坝扬压力,其监测仪器设施及其安装埋设与土石坝渗流压力监测类似,有压测压管管口应封闭并加装压力表,无压测压管管口应设孔口保护装置。测压管可在施工期预埋,也可通过钻孔方式埋设。

4. 绕坝渗流监测

存在绕坝渗漏明流且坝高在 15 m 及以上的小型水库大坝,建议设置绕坝渗流监测点。绕坝渗流监测一般沿流线方向或渗流集中的透水层布置 1 个监测断面,监测断面上布置 2~3 个测点。其监测方式与土石坝渗流压力类似。

5. 渗流观测

渗流量观测一般按下列要求进行。

(1) 采用容积法测量时,容器充水时间应根据渗流量的大小确定,宜不小于 10 s。渗流量 2 次测值之差应不大于其平均的 5%。

(2) 用量水堰监测时,水尺的水位读数应精确至 1 mm,测针、量水堰计的水位读数应精确至 0.1 mm,堰上水头 2 次监测值之差的绝对值应不大于 1 mm。

(3) 采用量水堰计自动监测的,每年人工比测应不少于 1 次。

渗流压力(扬压力)、绕坝渗流观测一般按下列要求进行。

(1) 土石坝测压管管口高程施工期和初蓄期应每半年校核 1 次,运行期应每 2 年校核 1 次。管口高程疑有变化时随时校测。

(2) 测压管深度和灵敏度,运行期检测应每 2 年不少于 1 次。

(3) 采用自动化监测的测压管水位,每年人工比测应不少于 1 次。

7.2.4 变形监测

变形监测的正负号规定如下。

(1) 垂直位移:下沉为正,上升为负。

(2) 水平位移:向下游为正,向左岸为正;反之为负。

(3) 裂(接)缝:张开为正,闭合为负。

坝体表面变形监测包括坝面垂直位移和水平位移,监测布置规定如下。

(1) 对坝高 30 m 及以上或关系下游公共安全的土石坝、坝高 50 m 及以上或关系下游公共安全的混凝土坝,以及新建小水电大坝,应设置表面变形监测项目;其他小水电大坝可根据需要设置。

(2) 土石坝设置不少于 1 个监测纵断面和 1 个监测横断面,纵断面宜设置在坝顶上游侧、坝顶下游侧、下游马道、坝脚等位置,横断面应设置在最大坝高处、合龙段、地形突变处、地质条件复杂处、坝内埋管处或可能异常处。

（3）土石坝纵断面上的监测点间距，当坝轴线长度小于 200 m 时，宜取 20～50 m；坝轴线长度大于 200 m 时，宜取 50～100 m。

（4）混凝土重力坝设置不少于 1 个监测纵断面，宜设置在坝顶下游侧、廊道等位置；纵断面上的监测点应设置在最大坝高处、地形突变处、地质条件复杂处或可能异常处，宜不少于 3 个监测点。

（5）拱坝在拱冠和坝顶拱端设置监测点，必要时可在 1/4 拱处设置监测点。

（6）应设置必要的工作基点和基准点。有条件的工程可建立变形控制网。

水平位移监测一般采用视准线法、前方交会法和 GNSS 法等，混凝土坝也可采用垂线法、引张线法等。垂直位移监测一般采用水准测量、三角高程测量等方法，应采用三等水准及以上要求测量。有条件时，也可采用测量机器人、机器视觉等方法监测水平位移与垂直位移。

坝体表面变形监测设施安装、埋设应按下列要求进行。

（1）基准点应设在不受工程影响的稳定区域，工作基点可布设在工程附近相对稳定的位置，监测点应与坝体牢固结合。

（2）垂直位移及水平位移监测宜共用 1 个观测墩，可采用柱式或墩式。

（3）岩基上的基准点、工作基点可直接凿坑浇筑混凝土埋设；土基上的基准点、工作基点观测墩底座埋入土层深度应不小于 1.5 m，监测点观测墩底座埋入土层的深度应不小于 0.5 m；冰冻区基准点、工作基点、监测点观测墩底座应深入冰冻线以下。

（4）基准点、工作基点周围宜设置保护设施，防止雨水冲刷和侵蚀、车辆机械及人为碰撞破坏。

（5）水平位移基准点、工作基点和监测点宜采用带有强制对中基座的混凝土观测墩，基座对中误差不超过 ±0.1 mm，水平倾斜度不大于 $4'$；基准点、工作基点观测墩应高出地面或坝面 1.2 m 以上。

（6）视准线监测点对中基座中心与视准线的距离偏差应不大于 20 mm。

（7）监测设施安装埋设后，应及时观测初始值，并填写安装考证表。

坝体表面变形观测工作按下列要求进行。

（1）土石坝变形监测误差相对于临近工作基点应不大于 ±3 mm，混凝土坝变形监测误差相对于临近工作基点应不大于 ±2 mm。

（2）工作基点稳定性校测宜每 2 年不少于 1 次。工作基点校测结束后，应进行闭合差验算、粗差分析。如为复测，还应进行稳定性分析。

（3）采用自动监测方式的，人工比测宜每年不少于 1 次。

7.3 监测资料整编分析

为充分发挥小水电水工建筑物监测设施作用,安全监测资料应定期进行整编与分析,有条件的可通过监测信息平台对监测资料进行自动整编与分析,提高监测资料整编分析效率。监测资料整编与分析频次相关要求如下。

(1) 在施工期和初蓄期,整编与分析频次根据工程施工和蓄水情况确定,最长不宜超过 1 年。

(2) 在运行期,每年汛前应对上一年度的监测资料进行整编与分析。

(3) 发生有感地震、大洪水以及运行过程中工程出现异常情况时,应及时对监测资料进行整编与分析。

监测资料分析前应进行可靠性分析,主要通过判断测值是否合理、是否符合大坝变形和渗流规律等进行分析。监测资料不可靠的监测项目,应分析原因并提出改进措施。

过程线图是安全监测资料分析的重要图件,绘制方法如下。

(1) 降水量过程线宜以直方图展示,并将纵坐标轴设置为逆序刻度;其他监测物理量过程线宜以折线图展示。

(2) 宜绘制监测设施投入运行以来的历年累积数据过程线,分析长序列监测数据趋势性变化规律。

(3) 渗流、变形监测数据过程线应以横断面、纵断面为单元绘制,并同时绘制库水位、降水量等相关量的过程线。

(4) 垂直位移过程线宜将纵坐标轴设置为逆序刻度。

7.3.1 环境量监测资料分析

上、下游水位监测物理量应换算为水位高程后进行分析。环境量监测数据一般通过特征值统计、绘制过程线等方法进行分析,分析要点如下。

(1) 特征值统计分析。宜重点分析上、下游水位年最大值和最小值以及出现时间、变幅,24 小时最大降水量,年降水总量等。

(2) 过程线分析。上、下游水位与降水过程线宜绘制在同一过程线图中进行分析,并重点关注水库蓄水过程、泄洪情况、降水情况等。

7.3.2 渗流监测资料分析

渗流监测数据应换算成渗流监测物理量后进行分析。渗流压力监测物理量为渗流压力水位,渗流量监测物理量为流量。

渗流监测资料主要通过特征值统计,以及绘制过程线、浸润线等图件进行分析,分析要点如下。

（1）特征值统计分析。宜重点统计分析各测点年最大值及相应发生时间、库水位、降水量等。

（2）过程线分析。应重点关注渗流压力、渗流量与库水位相关性以及趋势性变化规律。

（3）浸润线分析。宜绘制年度最高库水位下的监测横断面浸润线图,重点关注浸润线形态是否正常,是否超过设计浸润线或警戒值等。

7.3.3　变形监测资料分析

变形监测数据应换算成变形监测物理量后进行分析。表面变形、内部变形监测物理量应为位移量,裂(接)缝监测物理量应为开合度。

变形监测资料主要通过特征值统计,以及绘制过程线、分布图等图件进行分析,分析要点如下。

（1）特征值统计分析。宜重点统计分析各测点年位移量、历年累积位移量、变形速率等。

（2）过程线分析。水平位移应重点关注位移与库水位相关性以及变形趋势性规律,垂直位移应重点关注变形趋势性规律以及沉降速率。

（3）分布图分析。宜以同一监测横、纵断面上的测点为单元,以桩号或坝轴距为横坐标,绘制不同时期、不同部位测点的累积垂直位移量,应重点关注不同部位测点的变化规律。

7.3.4　报告编写要求

监测资料整编与分析后应编写成果报告,成果报告宜包括工程概况、监测概况、巡视检查资料分析、雨水情测报数据分析、变形监测数据分析、渗流监测数据分析、结论与建议、附图附表等内容。

成果报告应按下列分类评价大坝运行状态,当大坝运行状态评价为异常或险情时,应立即上报主管部门。

（1）正常状态。大坝达到设计要求的功能,无影响正常使用的缺陷,且各主要监测量的变化处于正常状态。

（2）异常状态。大坝的某项功能已不能完全满足设计要求,或主要监测量出现异常,因而影响工程正常运行的状态,但在一定控制运行条件下工程能安全运行。

（3）险情状态。大坝出现严重缺陷,危及大坝安全,或主要监测量出现异常,若按设计条件继续运行大坝将出现事故的状态,工程不能按设计正常运行。

7.4 监测信息平台

通过定制开发监测信息平台,对巡视检查信息与仪器监测数据进行管理,实现智能巡检、监测一张图、图件绘制、监测预警等重要功能。

7.4.1 智能巡检

智能巡检是近些年研发的一种巡视检查新技术,可以根据每座水库的特点,"一库一案"自定义巡检路线,且巡检人员必须按设定的路线执行巡检任务(完成上一巡检点后才能进入下一巡检点),克服传统巡查随意性强的缺点,提高巡检工作质量。智能巡检成果信息更加丰富,除文字外还包括照片、音频、视频等,可以全部存入服务器实现电子化管理,也能将自动生成的巡检报告打印后存档。针对每一个巡检点,系统设置了巡查重点和常见隐患,供巡检人员参考。系统能自动统计巡查任务执行情况,查看巡检人员巡查轨迹,对小水电巡视检查工作形成有力监督。智能巡检主要界面见图 7.1～图 7.3。

图 7.1 巡检路线制定

注:彩图见附图 1。

图 7.2　巡检过程执行

图 7.3　巡检结果统计与查看

注:彩图见附图 2。

7.4.2　监测一张图

在小水电水工建筑物三维模型上根据需要显示各类安全监测点,可以清晰查看各测点位置以及测点间的位置关系。点击各测点图标,可以查看测点实时测值、监测数据与安装考证信息。监测一张图主要界面见图 7.4、图 7.5。

图 7.4　监测一张图

注:彩图见附图 3。

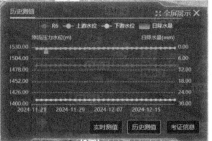

图 7.5　测点信息

注:彩图见附图 4。

7.4.3　图件绘制

过程线与浸润线是安全监测资料分析的 2 个重要图件。按照 7.3 节安全监测过程线绘制要求,通过图件绘制功能自动绘制自定义时间区间的测值过程线;结合小水电挡水建筑物坝型特点,自动绘制任意时间的土石坝横断面浸润线。图件绘制主要界面见图 7.6、图 7.7。

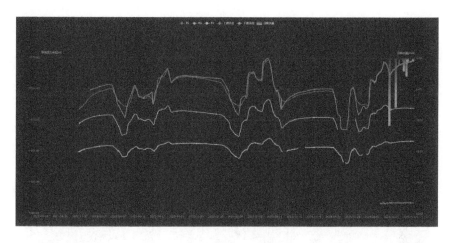

图 7.6　测点过程线

注:彩图见附图 5。

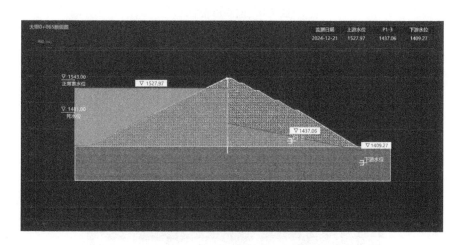

图 7.7　土石坝横断面浸润线

注:彩图见附图 6。

7.4.4　监测预警

通过典型小概率法、置信区间法、历史极值法等方法,设置监测点分级预警指标。与应急管理相衔接,一般将监测预警划分为一级、二级、三级、四级 4 个等级。此外,通过设置设备监测预警,实时监测设备工作状态,当连续多天(用户自定义设置)未采集监测数据时,触发设备预警提醒管理人员查看设备工作状态。监测预警主要界面见图 7.8、图 7.9。

	时间	类型	级别	事件	处置情况
1	2024-12-21 00:00:00	安全监测预警	四级预警	渗流压力水位为1491.07m,已超过四级预警	未处置
2	2024-12-21 00:00:00	安全监测预警	四级预警	渗流压力水位为1490.76m,已超过四级预警	未处置
3	2024-12-21 00:00:00	安全监测预警	四级预警	渗流压力水位为1495.54m,已超过四级预警	未处置
4	2024-12-20 20:00:00	安全监测预警	四级预警	渗流压力水位为1491.07m,已超过四级预警	未处置
5	2024-12-20 20:00:00	安全监测预警	四级预警	渗流压力水位为1490.76m,已超过四级预警	未处置
6	2024-12-20 20:00:00	安全监测预警	四级预警	渗流压力水位为1495.54m,已超过四级预警	未处置
7	2024-12-20 16:00:00	安全监测预警	四级预警	渗流压力水位为1491.07m,已超过四级预警	未处置
8	2024-12-20 16:00:00	安全监测预警	四级预警	渗流压力水位为1490.76m,已超过四级预警	未处置
9	2024-12-20 16:00:00	安全监测预警	四级预警	渗流压力水位为1495.54m,已超过四级预警	未处置
10	2024-12-20 12:00:00	安全监测预警	四级预警	渗流压力水位为1491.07m,已超过四级预警	未处置
11	2024-12-20 12:00:00	安全监测预警	四级预警	渗流压力水位为1490.76m,已超过四级预警	未处置
12	2024-12-20 12:00:00	安全监测预警	四级预警	渗流压力水位为1495.54m,已超过四级预警	未处置
13	2024-12-20 08:00:00	安全监测预警	一级预警	渗流压力水位为1428.89m,已超过一级预警	未处置

图 7.8　监测预警信息

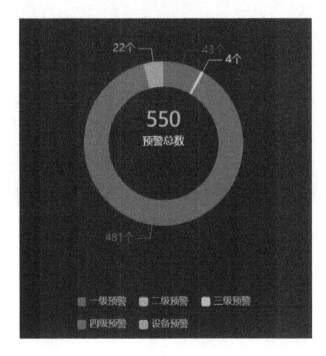

图 7.9　监测预警统计

注:彩图见附图 7。

8 总结与展望

本书以小水电的工程安全为核心,从风险辨识、风险分析、风险评估到风险控制,逐步形成了小水电水工建筑物风险评估与控制完整的理论框架和实施路径。

本书深入探讨了小水电水工建筑物的特点及其在运行过程中面临的多样化风险。针对这些风险,设计了一个包含风险辨识、风险分析、风险评估以及风险控制在内的完整研究框架。风险辨识方面,通过对小水电水工建筑物中潜在的风险源进行系统分析,识别了各种可能的事故类型及其发生的根本原因,为后续的量化风险评估提供了基础。风险分析方面,建立了小水电运行状态综合评价指标体系,提出了失事概率和失事后果定量计算方法,通过引入参考模型建立了小水电失事后果严重程度评价模型。风险评估方面,综合考虑小水电失事概率与失事后果,采用风险矩阵法,将风险分成低风险、中风险、高风险和极高风险4个级别;依据 ALARP 原则,将风险分成不可容忍风险区、可接受风险区和 ALARP 区。

在风险控制部分,本书对工程性和非工程性风险控制措施进行了系统研究。工程性措施包括对病险水工建筑物的加固、更新改造以及拆除重建,通过对存在较大安全隐患的部位进行工程技术处理,提升整个系统的安全性与可靠性。非工程性措施则包括管理设施建设、管理能力建设和应急预案的制定,特别是在安全监测方面,明确了巡视检查、仪器监测、监测数据整编分析的相关要求,以及在安全监测数据管理平台开发相关新技术。

此外,本书还指出了小水电风险管理领域存在的一些问题和未来的研究方向。小水电水工建筑物的风险不仅受到技术条件和自然环境的影响,还受到管理水平和运行维护能力的制约。因此,未来的研究应更加注重多学科融合,利用现代信息技术(如物联网和大数据分析)实现对风险的实时监测和预警,逐步推动小水电风险管理的智能化和系统化。同时,还应在风险评估模型和管理措施的精度和适用性上进行深入探索,以适应小水电复杂多变的实际情况。

总之,本研究旨在为小水电水工建筑物的安全运行提供科学的理论基础和技术支持。通过风险评估与控制措施的结合,不仅提升了小水电运行的安全性,还为风险管理提供了一套可行的实施框架。未来,随着技术的进步和管理理念的不断更新,小水电风险控制体系将更加完善,保障其在清洁能源领域中的安全、稳定和可持续发展。

参考文献

［1］水利部农村水电及电气化发展局.中国小水电 60 年[M].北京:中国水利水电出版社,2009.

［2］周鹏.小型水电站[M].北京:水利电力出版社,1983.

［3］浙江大学《农村水电站》编写组.农村水电站[M].杭州:浙江科学技术出版社,1981.

［4］李惕先,祁庆和.小型水电站 水工建筑[M].2 版.北京:水利电力出版社,1991.

［5］王永年.小型水电站[M].北京:水利电力出版社,1990.

［6］刘启钊.水电站[M].3 版.北京:中国水利水电出版社,1998.

［7］田中兴.小水电的新使命——在第一届"中国小水电论坛"上的主旨讲话[J].中国水能及电气化,2010(5):4-6.

［8］邹体峰,王艳芳,王仲珏.浅析我国小水电开发中的生态环境保护问题[J].中国农村水利水电,2008(3):97-98.

［9］江超,盛金保,王昭升,等.小水电水工建筑物风险评价方法研究[J].中国农村水利水电,2010(6):167-169＋172.

［10］江超,盛金保,周克发.小水电大坝溃决生态环境影响评价[J].中国农村水利水电,2010(11):164-166.

［11］贾超.结构风险分析及风险决策的概率方法[M].北京:中国水利水电出版社,2007.

［12］李雷,李君纯.江西省部分大、中型水库安全现状调研报告[R].南京:南京水利科学研究院,2000.

［13］楼渐逵.加拿大 BC Hydro 公司的大坝安全风险管理[J].大坝与安全,2000(4):7-11.

［14］匡少涛,李雷.澳大利亚大坝风险评价的法规与实践[J].水利发展研究,2002(10):55-59.

［15］王子昂,邹瑜.欧洲大坝委员会与欧洲水电大坝前景[J].水利水电快报,2016,37(5):1-2.

[16] 黄海燕. 土坝漫坝与坝体失稳模糊风险分析研究[D]. 南宁：广西大学，2003.

[17] 周红. 大坝运行风险评价方法研究[D]. 南京：河海大学，2004.

[18] 李雷，王仁钟，盛金保，等. 大坝风险评价与风险管理[M]. 北京：中国水利水电出版社，2006.

[19] 李娜，赵然杭，付海军. 基于模糊数的事件树法在大坝风险分析中的应用研究[J]. 中国农村水利水电，2009(10)：135-136＋139.

[20] 李益，蔡新，徐锦才，等. 小水电水工建筑物健康诊断灰色理论模型[J]. 河海大学学报(自然科学版)，2011，39(5)：511-516.

[21] 戴双喜，蔡新，徐锦才，等. 小型水电站引水建筑物模糊综合安全评价[J]. 河海大学学报(自然科学版)，2013，41(2)：161-165.

[22] 彭雪辉，盛金保，李雷，等. 我国水库大坝风险评价与决策研究[J]. 水利水运工程学报，2014(3)：49-54.

[23] 冯学慧. 基于熵权法与正态云模型的大坝安全综合评价[J]. 水电能源科学，2015，33(11)：57-60.

[24] 潘益斌，袁翔，施准备. 基于风险评价指数矩阵法的水利水电工程运行状态分析[J]. 大坝与安全，2016(1)：46-49.

[25] 徐天宝，顾洪宾，王伟营，等. 事故树分析方法在水利水电工程建设生态风险评价中的应用研究[J]. 水利水电技术，2016，47(2)：69-72.

[26] 吴胜文，秦鹏，高健，等. 熵权-集对分析方法在大坝运行风险评价中的应用[J]. 长江科学院院报，2016，33(6)：36-40.

[27] 阿依古丽·沙吾提. 基于 ALARP 准则的某土石坝运行期风险评价[J]. 水科学与工程技术，2018(2)：40-42.

[28] 郭吉葵. 陕西省水利水电工程地质灾害风险评价研究[D]. 西安：长安大学，2020.

[29] 王志国. 基于 F-ANP 评价模型的水利水电工程招标风险评价[J]. 黑龙江水利科技，2020，48(6)：209-213.

[30] 王嵩. 水利水电工程项目建设质量风险评价[J]. 水利技术监督，2020(6)：11-15＋120.

[31] 琚烈红，刘清君，黄哲，等. 海堤安全风险评估技术研究[J]. 海洋工程，2022，40(3)：93-104.

[32] 李萍，李丽慧，刘昊碹，等. 澜沧江流域重大水电工程扰动灾害风险评价[J]. 工程地质学报，2022，30(3)：635-647.

[33] 李春依,王莹. 基于高边坡挖掘的水利水电工程施工风险评价[J]. 黑龙江水利科技,2022,50(9):188-191.

[34] 郭金,顾冲时,何菁. 基于组合赋权二维云模型的堤防工程风险评价[J]. 水利水电科技进展,2022,42(6):117-122.

[35] 刘雷,许长青,毛晔. 水利水电 EPC 项目业主发包前风险评价[J]. 人民黄河,2023,45(5):133-136+142.

[36] 袁东成,王继琳,张晓光,等. 水电工程定量综合风险评价方法优化研究及应用[J]. 水力发电,2024,50(4):81-86.

[37] 杨超. 基于可变模糊理论的土石坝安全风险评价研究[J]. 水利科学与寒区工程,2024,7(6):45-48.

[38] 章嘉俊,董林,张娜,等. 基于 GIS 的新疆维吾尔自治区山洪灾害风险评价[J]. 人民长江,2024,55(11):81-88+95.

[39] 宋先峰. 大型土木工程国际投资风险研究[D]. 天津:天津大学,2003.

[40] 王洪,陈健. 建设项目管理[M]. 2 版. 北京:机械工业出版社,2007.

[41] 郭仲伟. 风险分析与决策[M]. 北京:机械工业出版社,1987.

[42] 彭雪辉,李雷,王仁钟. 大坝风险分析及其在沙河集水库大坝的应用[J]. 水利水运工程学报,2004(4):21-25.

[43] 姜树海,范子武,吴时强. 洪灾风险评估和防洪安全决策[M]. 北京:中国水利水电出版社,2005.

[44] 余建星. 工程风险评估与控制[M]. 北京:中国建筑工业出版社,2009.

[45] 张鹏,段永红. 长输管线风险技术的研究[J]. 天然气工业,1998(5):83-87+10-11.

[46] VAN GELDER P H A J M. Statistical methods for the risk-based design of civil structures[D]. Delft:Delft University of Technology,1999.

[47] BOSHOUWERS W P C. Risk modeling in civil and financial engineering [D]. Delft:Delft University of Technology,2003.

[48] 刘宁,郑建青. 工程随机力学及工程可靠性理论中的若干问题(上)[J]. 河海大学学报,1999(5):1-7.

[49] 刘宁. 工程随机力学及工程可靠性理论中的若干问题(下)[J]. 河海大学学报,2000(1):3-9.

[50] 曹云. 堤防风险分析及其在板桥河堤防中的应用[D]. 南京:河海大学,2005.

[51] 江超,盛金保,郑昊尧,等. 江西省新干县小水电安全与管理现状调研分析

[J]．小水电，2010(5)：3-6＋31．

[52] 朱效章,等. 亚太地区小水电——现状与问题[M]．南京：河海大学出版社,2005.

[53] HANGZHOU REGIONAL CENTER(ASIA-PACIFIC) FOR SMALL HYDROPOWER. Rural hydropower and electrification in China[M]. Beijing：China Water Power Press，2009.

[54] 谢鹏林,吴千. 温州小水电站安全大检查若干问题探讨[J]．小水电,2008(3)：10-11＋36.

[55] 蔡新,黄健夫. 水利工程安全隐患与病害特点[J]．小水电,2004(6)：35-37.

[56] 王燕,黄宏伟,李术才. 海底隧道施工风险辨识及其控制[J]．地下空间与工程学报,2007,3(7)：1261-1264.

[57] 洪云. 大坝安全管理关键技术研究[D]．南京：河海大学,2005.

[58] 罗英华. 直立式防波堤失稳风险分析研究[D]．天津：天津大学,2004.

[59] 金朝光,林焰,纪卓尚. 基于模糊集理论事件树分析方法在风险分析中应用[J]．大连理工大学学报,2003(1)：97-100.

[60] 张明. 结构可靠度分析——方法与程序[M]．北京：科学出版社,2009.

[61] 何晓燕,孙丹丹,黄金池. 大坝溃决社会及环境影响评价[J]．岩土工程学报,2008(11)：1752-1757.

[62] 常本春,耿雷华,刘翠善,等. 水利水电工程的生态效应评价指标体系[J]．水利水电科技进展,2006(6)：11-15.

[63] 朱党生,张建永,廖文根,等. 水工程规划设计关键生态指标体系[J]．水科学进展,2010,21(4)：560-566.

[64] 邱菀华. 管理决策与应用熵学[M]．北京：机械工业出版社,2002.

[65] 张殿祜,方绍辉,丁潇君. 熵——度量随机变量不确定性的一种尺度[J]．系统工程与电子技术,1997(11)：2-4＋9.

[66] 余建星,李彦苍,吴海欣,等. 基于熵的海洋平台安全评价专家评定模型[J]．海洋工程,2006(4)：90-94.

[67] 杜栋,庞庆华,吴炎. 现代综合评价方法与案例精选[M]．3 版. 北京：清华大学出版社,2015.

[68] 郝海,踪家峰. 系统分析与评价方法[M]．北京：经济科学出版社,2007.

[69] 黄贯虹,方刚. 系统工程方法与应用[M]．广州：暨南大学出版社,2005.

[70] 汪应洛. 系统工程[M]．4 版. 北京：机械工业出版社,2008.

[71] 刘洪林,肖海平. 水电站运行规程与设备管理[M]. 北京:中国水利水电出版社,2006.

[72] 湖南省水力发电工程学会,湖南省电力公司. 水电站事故(障碍)案例与分析[M]. 北京:中国电力出版社,2004.

[73] 李海. 引水式电站渠道渗漏垮塌事故分析及防治[J]. 中国农村水电及电气化,2005(8):36-39.

[74] 王洁. 水电站水工闸门运行事故及措施[J]. 南方农机,2017,48(22):124.

[75] 王景涛,赫庆彬,吕彦伟. 某水电站高压明钢管变形事故分析[J]. 水电与新能源,2021,35(2):41-45+53.

[76] 汝乃华,牛运光. 大坝事故与安全·土石坝[M]. 北京:中国水利水电出版社,2001.

[77] 汝乃华,姜忠胜. 大坝事故与安全·拱坝[M]. 北京:中国水利水电出版社,1995.

[78] 水利部大坝安全管理中心,水利部堤防安全与病害防治工程技术研究中心,水利部水闸安全管理中心,等. 水库堤防水闸失事典型案例[M]. 北京:中国水利水电出版社,2022.

[79] 奥罗维尔大坝溢洪道事故独立调查组. 奥罗维尔大坝溢洪道事故独立调查报告[M]. 王妍炜,蔡金栋,郭重汕等,译. 北京:中国水利水电出版社,2022.

[80] 王仁钟,李雷,盛金保. 水库大坝的社会与环境风险标准研究[J]. 安全与环境学报,2006(1):8-11.

[81] 何冠洁. 基于可变模糊集理论的溃坝社会和环境影响评价研究[D]. 西安:西安理工大学,2019.

[82] COSTA J E, SCHUSTER R L. The formation and failure of natural dams[J]. Geological Society of America Bulletin, 1988,100(7):1054-1068.

[83] 郭潇,方国华,章哲恺. 跨流域调水生态环境影响评价指标体系研究[J]. 水利学报,2008(9):1125-1130+1135.

[84] 朱旭萍,唐德善,廖昕宇. 石佛寺水库对生态环境的影响及防治对策[J]. 水利学报,2007(S1):606-612.

[85] 陶履彬,李永盛,冯紫良,等. 工程风险分析理论与实践——上海崇明越江通道工程风险分析[M]. 上海:同济大学出版社,2006.

[86] 罗云,樊运晓,马晓春. 风险分析与安全评价[M]. 北京:化学工业出版

社,2004.

[87] 江超,盛金保.小水电水工建筑物安全与管理现状调研[R].南京:南京水利科学研究院,2010.

[88] 李慎平.窑里水库大坝除险加固防渗体系的设计与施工[J].小水电,2009(1):62-64.

[89] 王仁钟,李雷,盛金保,等.病险水库除险加固排序示范应用研究报告[R].南京:南京水利科学研究院,2005.

[90] 江超.小水电水工建筑物风险分析[D].南京:南京水利科学研究院,2011.

[91] 黄昌硕,刘恒,耿雷华,等.南水北调工程运行风险控制及管理预案初探[J].水利科技与经济,2010,16(1):33-36.

[92] 黄昌硕,刘恒,耿雷华,等.南水北调工程运行风险控制初探[J].南水北调与水利科技,2009,7(4):10-12.

[93] 周志炎.小水电工程项目风险管理方法及应用研究[D].长沙:国防科学技术大学,2008.

[94] 王士军.水库大坝安全监测自动化技术[J].中国水利,2008(20):56-57+60.

[95] 盛金保,李雷.水库大坝风险控制非工程措施研究[R].南京:南京水利科学研究院,2010.

附图

图 1

图 2

图 3

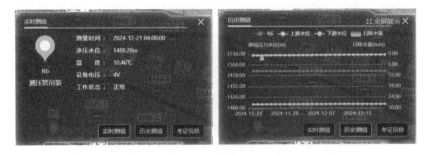

图 4

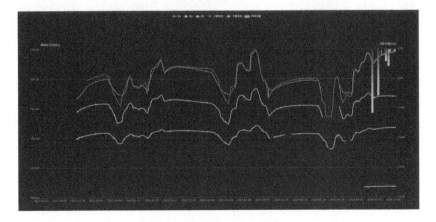

图 5

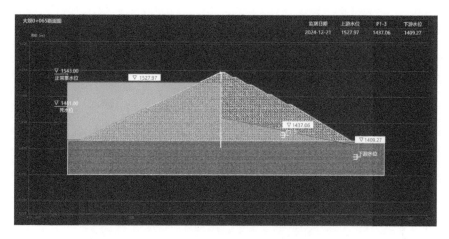

图 6

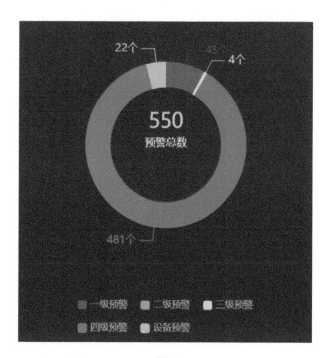

图 7